Freistetter ▪ Moder ▪
Puntigam ▪ Gunkl ▪
Jungwirth ▪ Oberzaucher ▪
Weinberger

GLOBAL WARMING PARTY

Wie wir uns das Klima schönsaufen können
und andere wissenschaftlich überprüfte
Anregungen zur Rettung der Menschheit

Carl Hanser Verlag

Mit diesem Buch unterstützen wir den Klimaschutz
im Alpenraum

1. Auflage 2020

ISBN 978-3-446-26839-5
© 2020 Carl Hanser Verlag GmbH & Co. KG, München
Covergestaltung und Illustrationen: Büro Alba, München
Satz im Verlag
Druck und Bindung: Friedrich Pustet, Regensburg
Printed in Germany

MIX
Papier aus verantwor-
tungsvollen Quellen
FSC® C014889

INHALT

VORWORT

In der Kindheit und Jugend waren wir beeindruckt von Entdeckern, und die Vorstellung, in neue Länder vorzudringen, war faszinierend. Wie mochte es sich anfühlen, wenn man etwas als Erster sehen konnte? Die Enttäuschung darüber, dass es geografisch auf unserem Planeten nicht mehr so sehr viel zu entdecken gab, wich schnell der Begeisterung für die Naturwissenschaften. Die auch eine nicht endende Entdeckungsreise sind. Es ist die Suche nach der Wahrheit, die Forscherinnen und Forscher antreibt. Eine Suche, die nie abgeschlossen sein wird, denn in allen wissenschaftlichen Bereichen können wir uns mit unserem Weltverständnis zwar immer mehr an die Realität annähern – vollständig beschreiben werden wir sie aber nie. Was für einen Außenstehenden möglicherweise frustrierend klingt, macht tatsächlich den besonderen Reiz der Wissenschaft aus: Sie ist nie »fertig«, sondern wirft immer wieder neue faszinierende Fragen auf.

Heute – nach zwei Jahrzehnten als forschender Physiker an einer Hochschule – sehe ich aber noch weitere Parallelen zu den frühen Entdeckern der Menschheitsgeschichte: Entdeckungen müssen kommuniziert werden. Was nutzt es, wenn ich ein fernes Land oder einen neuen Kontinent gefunden habe, darüber aber nicht berichte? Genauso verhält es sich mit der Forschung und der daraus resultierenden wissenschaftlichen Erkenntnis. Das volle Potenzial der Wissenschaft ist erst dann ausgeschöpft, wenn die Entdeckungen der Öffentlichkeit mitgeteilt wurden. Erst dann gehen sie auch in das allgemeine Wissen der Menschheit über, wo sie zum Nutzen aller eingesetzt werden können. Wissenschaftliche Fragestellungen und Arbeiten sind also erst dann abgeschlossen, wenn sie kommuniziert wurden.

Aber gerade hier haben Forscherinnen und Forscher in den letzten Jahren häufig zu wenig investiert. Aus verständlichen Gründen: Zu groß ist der Publikationsdruck für Fachartikel, die nur selten für die Öffentlichkeit verständlich sind, zu groß ist der Bedarf an Drittmitteln, für die Anträge geschrieben werden müssen. Und – und das kommt erschwerend dazu – es gibt im wissenschaftlichen System keine wirkliche Honorierung oder Anerkennung für die Kommunikation mit der Öffentlichkeit. Aus diesen Gründen wurde diese wichtige Art der Kommunikation leider vernachlässigt, mit dramatischen Folgen.

Die Öffentlichkeit findet sich wieder in einer zunehmend komplexeren Welt. Wer versteht noch die elektronischen Geräte in der eigenen Hosentasche? Wie funktionieren diese 5G-Sendemasten, die Daten an mein mobiles Telefon übertragen? Muss ich mir Sorgen machen? Die Welt wird immer spezialisierter und die Menschen bleiben auf der Suche nach Antworten alleine mit ihren Fragen zurück. Diese Diskrepanz aus einer zunehmend komplexeren Welt und dem Mangel an Kommunikationsangeboten durch echte Experten schafft einen gefährlichen Nährboden, der von Verschwörungsideologen und Schwurblern geschickt für ihre Zwecke genutzt wird und die Bevölkerung verunsichert. Diese Verunsicherung lässt sich tatsächlich auch in Zahlen ablesen: Die in Deutschland für das Wissenschaftsbarometer 2018 erhobenen Daten basieren auf 1008 Telefoninterviews, die im August 2018 im Auftrag von *Wissenschaft im Dialog* geführt wurden. In dieser Umfrage gaben auf die Frage »Wie sehr vertrauen Sie in Wissenschaft und Forschung?« zwar 54 Prozent an, dass sie »voll und ganz« oder zumindest »eher« vertrauen, erschreckende 39 Prozent antworteten aber, dass sie »unentschieden« bei dieser Frage sind.

Eine solche Antwort darf uns als Wissenschaftlerinnen und Wissenschaftler nicht zufriedenstellen. Diese 39 Prozent bedeuten, dass wir in der Gefahr leben, große Teile der Bevölkerung für die Wissenschaft und die wissenschaftliche Methodik zu verlieren.

Die Tatsache, dass unsere Gesellschaft gerade großen Herausforderungen und Krisen gegenübersteht, macht die Situation noch einmal dringlicher. Die Covid-19-Pandemie ist eine sehr akute Bedrohungslage, in der die Öffentlichkeit nach Lösungen sucht. Die Klimakrise ist eine noch ernstere Bedrohung auf anderen Zeitskalen. Die Effekte werden im Vergleich zu Covid-19 deutlich verzögert eintreten, aber dafür umso dramatischer sein.

In solchen Krisen liegt aber auch eine Chance für die Wissenschaft. Im Angesicht der akuten Bedrohung richten die Menschen ihren Blick auf Wissenschaftlerinnen und Wissenschaftler, um Antworten, Handlungsanweisungen und Hoffnung zu finden. Das oben bereits zitierte Wissenschaftsbarometer fragte die Bevölkerung auch zur absoluten Hochzeit der Covid-19-Pandemie (15./16. April 2020) nach ihrer Wahrnehmung: Auf die Frage »Wie sehr vertrauen Sie in Wissenschaft und Forschung?« antworteten nun 73 Prozent, dass sie »voll und ganz« oder »eher« vertrauen, und nur

20 Prozent gaben an, »unentschieden« zu sein. Das zeigt, dass die aktuellen Krisen auch als Chance für gute Wissenschaftskommunikation genutzt werden können und sollten.

Um dabei ganz besonders klar zwischen den haltlosen Erzählungen der Verschwörungsideologen und den wissenschaftlichen Erkenntnissen zu unterscheiden, dürfen hier nicht nur die Ergebnisse und Fakten kommuniziert werden, sondern es müssen auch die wissenschaftliche Methodik und Arbeitsweise zur Sprache kommen. Denn da liegt der fundamentale Unterschied zu den Verschwörungserzählungen: Während auf der einen Seite Behauptungen ohne experimentelle Evidenz phantasiert werden, prüft das wissenschaftliche System sich und die experimentellen Daten unentwegt und rigide selbst. Jedes Ergebnis muss dem wissenschaftlichen Qualitätsstandard genügen. Die wissenschaftliche Methodik ist dabei das, was für die frühen Entdecker ihre Schiffe waren. Die Schiffe ließen die Entdecker vertrauensvoll in unbekannte Ozeane vordringen; die Forscherinnen und Forscher halten sich an die wissenschaftliche Methodik, um dem Sturm der Erklärungsmöglichkeiten zu trotzen. Das ist die Stärke der Wissenschaft, das ist Wissenschaftsethik und darum verdient sie das Vertrauen der Bevölkerung insbesondere in Krisenzeiten.

Dafür braucht es allerdings eine Wissenschaftskommunikation, die über das hinausgeht, was in den vergangenen Jahrzehnten getan wurde. Es braucht Vorbilder aus der Wissenschaft, die Forschung so kommunizieren, dass sie die Menschen erreicht. Wir können nicht mehr erwarten, dass die Menschen die richtigen Fakten schon selbst in der Informationsflut des Internets finden. Wir müssen die Wissenschaft in die Bevölkerung tragen. Echte Wissenschaftlerinnen und Wissenschaftler, die komplexe Zusammenhänge ehrlich und auf verständliche Weise erklären.

Das ist keine leichte Aufgabe, doch die Science Busters begegnen dieser Herausforderung seit Jahren mit überragendem Erfolg. Sie zeigen sich als Wissenschaftlerinnen und Wissenschaftler, die nicht unfehlbar sind, die über sich selbst lachen können und die den Duktus von Lehrern hinter sich lassen, um gemeinsam mit dem Publikum auf eine Entdeckungsreise des Wissens gehen. Ihr Trick: Sie machen es mit Humor. Auf der Bühne etwa stellt ein auffällig gekleideter Kabarettist als MC so lange Fragen, bis die Wissenschaftlerinnen und Wissenschaftler Dinge so erklären, dass er die Antwort verstehen kann. Denn dann können sie alle verstehen. So soll es sein. Dabei ist Ihnen kein Ziel zu weit und keine Möglichkeit fremd: in Blogs, auf Social Media, auf Bühnen, im Fernsehen, im Radio, als Podcast und auch in diesem Buch. Immer sind sie präsent, erreichbar und ganz nah bei den Menschen. Wissensentdecker im besten Sinne und Vorbilder in der Wissenschaftskommunikation.

Nicolas Wöhrl & Reinhard Remfort (Methodisch inkorrekt!)

PARTY LOCATION

Planet A

PLANET B

»No Planet B – Es gibt keinen Planet B« lautet einer der Slogans auf Klimademos. Manchmal gebeugt, manchmal nicht, um darauf hinzuweisen, dass wir Menschen keine Ausweichmöglichkeit haben, falls wir die Erde unbewohnbar machen. Das sagen aber vor allem Leute, die die Erde in ihrem Leben noch nie verlassen haben. Oder sich nicht weiter von ihr entfernt haben als auf Reiseflughöhe einer Passagiermaschine.

Aber stimmt das? Wird nicht schon jetzt alle paar Monate ein neuer Planet, eine zweite Erde entdeckt? Allein im ersten Halbjahr 2020 waren es zwei, drei erdähnliche Planeten, auf denen Leben möglich sein könnte. Hat die NASA gefunden. Stand in der Zeitung und war im Fernseher. Der Physik-Nobelpreis 2019 ist sogar genau dafür vergeben worden. Für die Entdeckung des ersten Planeten in einem anderen Sonnensystem im Jahr 1995. Und was war es für ein Planet? Ein Planet B! Damals schon. 51 Pegasi b. Seither sind ein paar 1000 extrasolare Planeten aufgestöbert worden und es werden laufend mehr. Und viele davon sind Planeten b. Wer also sagt, es gebe keinen, kennt sich einfach im Universum nicht aus und macht sich auf der Erde wichtig?

Leider heißen Planeten nur deshalb b, weil a in der astronomischen Namensgebung immer der Stern ist, zu dem sie gehören, was aber eigentlich nie explizit erwähnt wird. That goes without saying. Planeten bekommen in der Regel den Namen des Sterns und dann in der Reihenfolge ihrer Entdeckung Buchstaben zugeordnet. Der erste heißt b, und je nachdem, wie viele weitere Planeten wir rund um den Stern entdecken, geht es im Alphabet weiter rauf. In unserem Sonnensystem gilt die Namensgebung übrigens nicht, weil wir die Erde zwar als ersten Planeten »entdeckt«, aber irrtümlich auch sehr lange fürs Zentrum des Sonnensystems gehalten haben. Da hat sich die Namensgebung aus historischen Gründen völlig anders ergeben. Es gilt quasi der Blick von außen. Würden Aliens unser Sonnensystem aufspüren, würden sie die Planeten vielleicht Sonne b und Sonne c und so weiter nennen. Aber von Aliens haben wir bislang noch weniger Spuren gefunden als von Planet B.

Wie immer wir andere Planeten auch nennen, kein einziger der bislang von uns entdeckten ist eine zweite Erde. Vermutlich. Der Hauptgrund, warum wir noch keine zweite Erde gefunden haben, liegt nämlich darin, dass unsere Teleskope dazu nicht in der Lage sind. Es sind tolle technische Geräte, die cool aussehen, in der Sonne glitzern, viel Geld gekostet haben und mit denen wir schon sehr viel beobachtet haben am Himmel und in den Tiefen des Weltalls. Aber um genau sagen zu können, ob ein Planet so aussieht wie unsere Erde, dazu sind sie, auf gut Wienerisch, zu schasaugert. Wir können die Masse berechnen und den Abstand vom Stern und wir können über die mögliche Oberflächentemperatur spekulieren, aber das war's auch schon. Wenn Ihnen wer was anderes erzählt, dann wissen Sie: Blödmann. Oder sollten zumindest auch anderes kritisch prüfen, was aus der Quelle verlautet.

Aber nur weil die aktuellen Teleskope noch nicht gut genug sind, schließt das ja noch nicht aus, dass die kommende Generation eine zweite Erde lokalisieren könnte. Oder vielleicht erst die übernächste. Astronominnen und Astronomen sind ja bekanntlich sehr gut darin, Finanzierungen für immer neue und noch tollere und teurere Geräte auf die Beine zu stellen, um in die Ferne zu schauen. Einer der großen Nachteile von anderen Sonnensystemen ist nämlich, dass sie sehr weit weg sind. Also, wirklich weit weg. Wenn man von der Erde zum Stern TOI 700 fliegt, dann stehen danach 101,4 Lichtjahre am Tacho. Mit einer Tankfüllung schafft man das nicht.

TOI 700 ist ein Stern, um den drei Planeten kreisen, die man Anfang 2020 entdeckt hat.[*] TOI 700 b und TOI 700 c und TOI 700 d. Warum der Name? Hat man sich in der Hoffnung auf die Entdeckung einer weiteren Erde TOI, TOI, TOI gewünscht? Na ja, fast. Oder eigentlich gar nicht. TOI steht für *Transiting Exoplanet Survey Satellite Object of Interest* und ist nicht nur eines jener bresthaften Akronyme, bei denen man in der Wissenschaft so lange Buchstaben unterschlägt, bis ein schönes Initialwort rauskommt, sondern auch die Bezeichnung eines Sonnensystems, dessen d-Planet ein Erdenzwilling sein soll. Anfang Jänner 2020 war da das Hallo groß.

Ob wir wirklich einen Erdenzwilling gefunden haben, weiß, wie gesagt, heute noch niemand, und auch die NASA

---

[*] Folgen Sie dem Code! Alle Quellen und Literaturangaben auf https://sciencebusters.at/gwp-quellen/

hat das natürlich nie behauptet, sondern nur verkündet, dass der Planet prinzipiell als Kandidat infrage kommen könnte. Auch das James-Webb-Teleskop, der nächste Superstar unter den Weltraumteleskopen, wird da noch keine Klarheit schaffen können. Vielleicht dessen Nachfolgefernrohr. Da werden allerdings viele von uns nicht mehr am Leben sein und sich höchstens jetzt schon für die Enkerl freuen können, dass die das einmal wissen werden. Dass TOI 700 d eine zweite Erde ist, stand also nicht in der wissenschaftlichen Veröffentlichung, sondern in dem, was sich zwar selbst Zeitung nennt, aber nicht nur wissenschaftlich meilenweit davon entfernt ist. Wie nicht zuletzt die Rufmordkampagnen im Laufe der Coronakrise gezeigt haben.

Aber gehen wir doch einfach einmal davon aus, dass wir in 30 Jahren wissen werden, wo eine zweite Erde ihre Kreise zieht. Warum also nicht heute schon einmal losfliegen – und sich die Koordinaten und die Autobahnausfahrt mit Lichtgeschwindigkeit nachschicken lassen, sobald auf der ersten Erde endlich die zweite entdeckt worden ist? Dann hätte man schon einen Teil des Weges zurückgelegt und vielleicht nur mehr 101 Lichtjahre vor sich.

Aber wo sollte man hinfliegen auf Verdacht? Wo wäre es am schönsten, wo eine Suche nach einer Zweitwohnerde am lohnendsten? Wo könnte sich Planet B versteckt halten?

Schauen wir uns einmal an, wie das Universum eigentlich aufgebaut ist. Wir leben auf der Erde und nach allem, was wir bislang wissen, ist sie der einzige Planet, auf dem Leben existiert. Die Erde umkreist als einer von acht Planeten die Sonne, die als einziger Stern das Sonnensystem beleuchtet. Neben den Planeten gibt es noch ein paar 100 Monde, ein

paar Billionen Asteroiden und Kometen. Von einem Ende zum anderen misst das Sonnensystem ein bis eineinhalb Lichtjahre. Je nachdem, wer wie schaut. Eineinhalb Lichtjahre klingt viel, asphaltieren möchte man so eine Strecke nicht müssen, ist aber eigentlich nicht der Rede wert. Kosmologisch gesehen. Denn die Entfernung zum nächsten Stern Proxima Centauri beträgt bereits vier Lichtjahre. Quasi stellares Distancing. Kurz mal nachfragen gehen, ob man sich vom Nachbarn ein wenig Milch leihen kann, sollte man sich gut überlegen. Unsere Sonne und Proxima Centauri sind nur zwei von ein paar 100 Milliarden Sternen in der Milchstraße. So nennen wir die Galaxie, in der sich unser Sonnensystem befindet. Sie misst 100 000 bis 150 000 Lichtjahre im Durchmesser und wir mit unserem Sonnensystem bewohnen eher eine Randlage, ungefähr 26 000 Lichtjahre vom Zentrum entfernt.

Wer jetzt jammert, dass das Leben am Land zwar idyllisch und ruhig sein könne, aber auch urfad, weshalb eine schmucke Wohnung im Zentrum besser sei als ein Haus in der Einschicht, der kennt die Milchstraße schlecht. Dort stehen die Sterne im Zentrum nicht so einsam herum wie hier in unserer Gegend, vier Lichtjahre voneinander entfernt, gerade noch in Sichtweite, sondern drängen sich dicht an dicht. Ziemlich oft explodiert einer. Die kosmische Strahlung ist gewaltig und es ist gut, dass sich unser Sonnensystem entschieden hat, dort nicht zu bauen. Sonst gäbe es uns nämlich gar nicht.

Wer 150 000 Lichtjahre für enorm hält, bekommt zwar ein Like von der Milchstraße. Die ist aber nur eine von sehr vielen Galaxien, wie die Andromedagalaxie oder die Große und Kleine Magellansche Wolke, die gemeinsam mit ein paar 100 anderen Galaxien die Lokale Gruppe bilden. Klingt zwar ein bisschen nach kosmischem Ballermann, es handelt sich aber nicht um eine galaktische Ausgehmeile, sondern um eine Einheit von Galaxien, die über die Schwerkraft miteinander verbunden sind und deshalb irgendwie auch zusammengehören. Wenn man angesichts der Ausdehnung noch von Zusammengehörigkeit sprechen kann. Sieben Millionen Lichtjahre hat die Lokale Gruppe in der Rubrik Körpergröße im Reisepass stehen. Wem der Jakobsweg zu kurz ist, der kann es dort mit einer Pilgerreise probieren.

Sie werden es schon vermutet haben, auch die Lokale Gruppe ist ein Fliegenschiss verglichen mit der nächstgrößeren Einheit im Universum. Get ready for: Virgo-Superhaufen. Virgo, lateinisch, heißt bekanntlich Jungfrau; könnte man also glauben, er sei der Gottesmutter zugeeignet, und wenn bei der die Verdauung passt, dann gibt es einen Superhaufen? Das wäre sicher vorschnell gemutmaßt. Was genau passiert, wenn bei der Himmelskönigin die Verdauung passt, darüber schweigen die Quellen, und dem Vernehmen nach war es auch bei den zahlreichen Marienerscheinungen noch nie Thema. Es ist noch nicht einmal bekannt, was sie isst. Außerdem spielt Religion in der Astronomie keine nennenswerte Rolle. Virgo heißt zwar Jungfrau, das stimmt, aber der gleichnamige Superhaufen trägt seinen Namen nur deshalb, weil sein Zentrum am Himmel in Richtung des Sternbilds Jungfrau zu sehen ist.

Mit 200 Millionen Lichtjahren gehört er zwar nicht zu den Winzlingen im Universum, bei den Großen darf er allerdings längst nicht mitspielen. Der Virgo-Superhaufen ist vielmehr eingebettet in einen noch wesentlich supereren Superhaufen mit dem klingenden Namen Laniakea, der seinen Namen ausnahmsweise nicht aus dem europäischen Kulturkreis bezieht – auch da gab es Fortschritte in den letzten Jahrzehnten –, sondern aus dem hawaiianischen und schlappe 560 Millionen Lichtjahre als Durchmesser vorweisen kann. Das ist wirklich schon sehr groß.

Laniakea bedeutet zwar auch »unermesslicher Himmel«, doch das Universum hat für derart läppische Distanzen nur ein müdes Lächeln übrig. Besteht es doch aus vielen dieser Super-Superhaufen, die sich wiederum alle in langen fadenartigen Strukturen durch den Weltraum ziehen, den folgerichtig sogenannten Filamenten. Weil? Wer es weiß, muss nicht aufzeigen, sondern kann gleich reinrufen, genau: Filum ist lateinisch für Faden. Der längste Faden im All misst bis zu 1,3 Milliarden Lichtjahre. Also fast dreimal so viel wie Laniakea. Und ist trotzdem noch nicht Sieger im Großsein im Universum. Denn er wird noch übertroffen von den Voids. Das ist nicht der niederösterreichische Dialektplural für Wälder, sondern Void bedeutet Leere. Und diese Leerräume im All sind mit bis zu zwei Milliarden Lichtjahren noch gewaltiger.

Das Nichts im Universum ist also größer als das Etwas. Das klingt wie ein tiefsinniger Kalenderspruch, bedeutet aber nicht mehr, als dass es eben mehr Nichts im Weltall gibt als Materie. Man könnte auf der Suche nach der größten Struktur hier Schluss machen. Man kann aber als Zugabe auch noch alle Voids und alle Filamente als die größte Struktur im Universum zusammenfassen. Also, alles ist alles und das Universum somit selber seine größte Struktur. So, das dann bitte doppelt unterstreichen.

Wie das Universum von außen aussieht, ob wie ein Giganto-Superhaufen oder wie ein Riesenfilament oder irgendwie anders, darüber lässt sich wenig sagen. Das Universum ist leider alles, was wir haben. Und es ist auch nicht möglich, an den Rand zu fliegen und von dort eine Selfie-Stange rauszuhalten, um sich ein Bild zu machen. Es ist jedoch so ordentlich groß, dass es doch gelacht wäre, wenn es da nicht irgendwo wenigstens einen Planeten B gäbe. Wenn nicht mehrere. Fragt sich eben nur immer noch: wo? Man müsste wohl aufs Geratewohl losdüsen. Nur was würde dabei wohl passieren? Wo im Universum würde man da vermutlich rauskommen?

Sie haben es sich vielleicht gedacht, wahrscheinlich irgendwo im Nichts. Denn davon gibt es eben am meisten. Das wäre nun einigermaßen enttäuschend und langweilig, weil Nichts nicht nur von der Bewertung her in der Kategorie Action eher nur null Sterne hat. Es gibt dort nichts zu erleben und nichts zu sehen. Aber es wäre nur sehr kurz sehr fad, denn im Nichts können wir nicht leben und wären daher umgehend tot. Falls Sie das für eine tröstliche Nachricht halten möchten.

Am zweitwahrscheinlichsten würden wir im Inneren eines Sterns landen. Das ist zwar spektakulärer, denn da findet Kernfusion statt, allerdings nur unwesentlich gemütlicher. Im Inneren von Sternen herrschen gern Temperaturen von 15 Millionen Grad Celsius. Und mehr. Man bräuchte zum Schutz der Haut einen sehr, sehr hohen Lichtschutzfaktor, wäre aber längst verdampft, bevor man mit dem Einschmieren begonnen hätte.

Das sind, wie gesagt, die mit Abstand wahrscheinlichsten Orte, die man im Universum finden würde, wenn man die Richtung nach dem Zufallsprinzip auswählt. Sollte man durch einen noch aberwitzigeren Zufall allerdings weder im Nichts noch in einem Stern landen, so kann man das im Inneren eines Planeten feiern. Allerdings vermutlich im Inneren eines Gasriesen wie Jupiter oder Saturn, wo vergleichsweise frostige 5000 bis 6000 Grad Celsius für ein nicht gerade besonders angenehmes Klima sorgen. Außerdem ist Sauerstoff, den wir Menschen so gerne atmen, außerordentlich knapp, stattdessen gibt es Wasserstoff und Helium im Überfluss. Das Leben wäre somit wie überall bisher nur sehr kurz, vielleicht einmal tief einatmen und mit hoher Stimme »Scheiße!« rufen, danach muss das Einwohnermelderegister angepasst werden.

Was ist mit Gesteinsplaneten wie Erde oder Mars? Sie sind sehr selten, aber es gibt sie. Das ist die gute Nachricht. Die schlechte: Man würde sich erst einmal nicht auf der Oberfläche wiederfinden, sondern innen drinnen. Warum innen? Na ja, vom Inneren einer Kugel gibt es eben viel mehr als von der Oberfläche, weshalb man sehr viel wahrscheinlicher dorthin gerät. Innen zeigt das Thermometer in der Regel gute 5000 Grad an und der Druck ist enorm. Wie sollte man darauf reagieren? Dem Druck standhalten? Leider aussichtslos. Bevor Sie sterben, würden Sie entweder erst zerquetscht und danach verbrennen. Oder umgekehrt. Da ist die Quellenlage noch dünn.

Nur auf der Oberfläche eines erdähnlichen Planeten mit angenehmen Temperaturen, atembarer Atmosphäre und ausreichend Nahrung hätten wir Überlebenschancen. Die Wahrscheinlichkeit, im Universum einen solchen Ort zu finden, ist extrem klein. Zur Veranschaulichung: Würde man das gesamte Universum mit allen Voids, Filamenten, Superhaufen, Galaxien und Sonnensystemen auf einen Durchmesser von 300 Millionen Kilometern schrumpfen, was dem Durchmesser der Umlaufbahn der Erde um die Sonne entspricht, dann würden alle Orte in diesem Modelluniversum, an denen wir nicht sofort sterben müssten, einen Bereich ausmachen, der genauso groß ist wie ein Atom. So wenig Auswahl hat man nicht einmal, wenn nach den Hamsterkäufen die Supermarktregale leer gefegt sind. Im normal großen Universum wäre das so wenig, dass es fast schon wieder nichts wäre. Das Universum ist eine Scheißgegend. So hat schon ein früherer Befund der Science Busters gelautet.

Praktisch überall ist es grauslich, dunkel und lebensfeindlich. Planet B hat keine Adresse und schon gar keine Autobahnausfahrt. Nach allem, was wir bislang wissen, können wir Menschen nur auf der Erde leben. Wir haben keine zweite Erde, keine Ausweichmöglichkeit. Auswandern ist keine

Option. Selbst die Mond- und Mars-Reisefantasien von Internetmilliardären sind leider nicht einmal nur umständlich, sie sind bis auf Weiteres undurchführbar. Niemand kann in absehbarer Zeit ein gefahrloses, sinnvolles Leben auf dem Mars führen, nicht einmal wenn er es schaffte, dort heil zu landen. Und selbst das ist bisher noch nie gelungen.

Die Erde ist die einzige Location für unsere Party, die wir Leben nennen. Und wenn wir wollen, dass diese Party für uns Menschen noch eine Zeit lang weitergeht, dann müssen wir auf die Erde aufpassen und beginnen, die Global-Warming-Party endlich so zu feiern, dass wir und andere Lebewesen auf dem Planeten dabei nicht zugrunde gehen. Und zwar umgehend. Ein Schulstreik allein wird dafür nicht reichen – aber es war kein schlechter Anfang.

PARTY LÖWEN

GRETA

Bei der Wahl der Überschrift von Teil 2 konnten wir uns lange nicht einigen, ob zu Party besser Löwe passt oder Tiger. Und haben deshalb die Frage auf dem Instagram-Account von Martin Moder zur Abstimmung gebracht. So werden also im Jahr 2020 Entscheidungen in populärwissenschaftlichen Publikationen getroffen. Finden Sie das gut oder schlecht?

Hier können Sie abstimmen.

Und: Finden Sie es nicht auch unfair? So viel Aufmerksamkeit für eine junge Frau, die eigentlich lieber den versäumten Schulstoff nachlernen sollte? Ein Käfer und eine Schnecke, benannt nach einer noch nicht einmal volljährigen Ausländerin? Unsereins kann froh sein, wenn sich im Alter die eigenen Kinder noch an einen erinnern können. Dass ein Platz nach uns benannt wird, davon können die meisten von uns nur träumen. Von einer Straße rede ich da gar nicht. Aber Greta Thunberg hat gleich zwei Tiere zugeeignet bekommen. Die zwei Millimeter lange Schnecke *Craspedotropis gretathunbergae* und den ein Millimeter langen Zwergkäfer *Nelloptodes gretae*. Der ist blind und hat Zöpfe. Das ist wenigstens ein gutes Bild für jemanden, der nicht sehen will, wie er von gewissen Lobbygruppen instrumentalisiert wird.

Sollen wir nun alle zurück ins Mittelalter? Warum bringt sie unseren Kindern das Schulschwänzen bei? Damit sie keine ordentliche Ausbildung bekommen und die Probleme der Welt in Zukunft erst recht nicht lösen können? Abgesehen davon, dass man zum Schulschwänzen gar nichts können muss, das wissen wir selber noch von früher. Aber wir haben damals wenigstens unseren Eltern ab und zu Geld aus dem Portemonnaie genommen und damit die Wirtschaft angekurbelt. Aber mit Wasserflaschen im Freien sitzen, davon hat niemand was. Und ja, es gibt einen Klimawandel, aber CO_2 ist nicht immer nur schlecht. Im Champagner?! Oder als Treibhausgas?! Ganz ohne CO_2 in der Atmosphäre wäre es ganz schön ungemütlich auf der Erde. Ganz abgesehen davon, dass Pflanzen CO_2 für die Fotosynthese brauchen, um Sauerstoff herzustellen, den wir Menschen so gern atmen. Steht sogar in Teil 1 dieses Buches, wenn Sie aufgepasst haben. Oder als Narkosegas am Schlachthof. Da ist auch CO_2 im Einsatz. Oder sollen die Tiere wieder einfach so getötet werden? Das ist natürlich noch keine Lösung, aber ein Schritt in die richtige Richtung. Und so muss man es auch mit dem Klima machen. Differenzierte Lösungsansätze. Alle Fakten sammeln und dann auf dieser Grundlage für alle nachvollziehbar, transparent entscheiden. Weltweit. Nur so wird man alle dazu bringen, beim Klimaschutz dabei zu sein. Wer alles übers Knie brechen und erzwingen will, schreit vielleicht am lautesten und wird zum Klimastar, erreicht aber am Ende des Tages gar nichts. Klimaschutz sollte man den Fachleuten überlassen!

So reden sinngemäß die, die nicht einmal in der Lage sind, Greta Thunbergs Namen richtig auszusprechen. Sie heißt nämlich überhaupt nicht Greta Thunberg, auch nicht Greta Thünberg, wie die Edelfeder-Nachrichtensendungen im öffentlich-rechtlichen Rundfunk es sich angewöhnt haben, um ein wenig gelehrter zu klingen. So wie man es früher mancherorts für vornehm gehalten hat, den kleinen Finger abzuspreizen beim Halten der Kaffeetasse. Wenn man den Namen richtig aussprechen möchte, was eigentlich selbstverständlich wäre, dann müsste man einfach nur sagen: Grieta Thünböri. Auch nicht viel komplizierter. Sagen wir es vielleicht alle gemeinsam und laut: »Grieta Thünböri«. Und noch einmal: »Grieta Thünböri«. Und ein letztes Mal noch für die Oma, die Umweltsau: »Grieta Thünböri«. Geht doch. Aber längst nicht immer.

Im Sommer 2019 hat sie Wien und den österreichischen Bundespräsidenten in der Hofburg besucht, einen verständigen älteren Mann. Um ihm einen Gefallen zu tun, hat sie für sein Instagram-Profil in die Kamera und ihren Namen natürlich korrekt ausgesprochen. Aber obwohl er dem Vernehmen nach nicht schwerhörig und unmittelbar neben ihr gestanden ist, hat er kurz darauf in dieselbe Kamera verlautet, wie beeindruckt er sei von Greta Thunberg. Nachdem er nur wenige Wochen zuvor bei einer Pressekonferenz zum sogenannten Ibiza-Video den Namen der beliebten Balearen-

Insel unbedingt richtig aussprechen hat müssen. Also Ibiθa, mit Ceceo. Mehrfach, damit alle um seine Weltläufigkeit wissen. Ibiθa. Ibiθa geht jederzeit. Wenn man bei einem Abendessen Erdogan ein paar Mal so ausspricht, wie man es schreibt, oder das Jong des nordkoreanischen Diktators als J betont, wird man vermutlich sehr bald korrigiert. Aber bei Greta ist es egal. Weil sie nur eine junge skandinavische Frau ist, mit Asperger-Syndrom und eigenwilliger Frisur? Oder um in der Diktion der Rechtsradikalen zu bleiben, eine »psychisch kranke Göre«, die »das Klima-Kriegsrecht« und eine »Zöpferl-Diktatur« einführen möchte.

Es ist erstaunlich, dass auch Verschwörungstheorien Moden unterliegen und dass es in den Strategien der Leugnerinnen und Leugner der Erkenntnisse der Klimaforschung offenbar so was wie Inflationsanpassungen gibt.

Die Einfältigeren beharren auch 2020 noch darauf, dass sich das Klima immer einmal verändert hat, ganz natürlich, dass der Klimawandel eine Lüge der Grünen sei oder der Chinesen, die Sonne die Erde erwärme und nicht das CO_2 und dergleichen mehr, jedenfalls nicht der Mensch schuld dran sei. Quasi das Kleine Einmaleins des Klimawandelleugnens. Darüber haben wir einen langen Aufsatz in unserem letzten Buch *Warum landen Asteroiden immer in Kratern?* geschrieben. Nun gibt es mit dem Buch, das Sie in den Händen halten, ein Update. Sozusagen das Große Einmaleins.

Aber nur weil der menschliche Anteil an der Erderwärmung längst nicht mehr wegzudiskutieren ist, bedeutet das für viele noch lange nicht, etwas dagegen zu unternehmen. Der Einzelne könne ohnedies nichts tun, andere Länder seien viel ärger, wenn nicht alle gleichzeitig aktiv würden, sei das ein Wettbewerbsnachteil, vor allem auch für die Arbeitsplätze in den traditionellen Industrien, der Flugverkehr mache nur einen ganz geringen Anteil des Klimawandels aus, Verbote brächten überhaupt nichts, nur Aufklärung und Anreize würden die Menschen zum Umdenken bringen. Und Investitionen in den technischen Fortschritt. Man sei natürlich kein Leugner, der Klimawandel existiere und sei ernst zu nehmen, aber man lasse sich auch nicht vom Hype um eine junge Schwedin kirre machen. Und sei Klimaskeptiker.

Diese Aufzählung klingt zwar wie die Spielanleitung für Klima-Bullshit-Bingo. Und ganz falsch wäre das auch nicht. Aber leider ist es nicht ganz so einfach und die Welt nicht nur schwarz oder weiß. Und leider ist es auch nicht so, dass die Klimaschützerinnen und -schützer immer recht hätten, die hingegen, die Bedenken äußern, nie.

Flugreisen machen tatsächlich einen vergleichsweise kleineren Anteil an der Menge des ausgestoßenen CO_2 aus, und dass Fliegen im Lauf der Jahre billig geworden ist, hat auch dazu geführt, dass sich nicht nur reiche Menschen Fernreisen leisten können. Das war eindeutig ein Fortschritt. Trotzdem ist die Menge an CO_2, die durch Flugzeuge produziert wird, natürlich nennenswert, vor allem deshalb, weil sie es in einer anderen Gegend abgeben als etwa beim Betrieb von Kraftfahrzeugen. In ein paar Kilometern Flughöhe nämlich, was die Wirkung erheblich verstärkt.

Auch ein hoher Spritpreis und Ökosteuern würden ärmeren Menschen mehr zu schaffen machen als wohlhabenden. Dass ungehemmter Fleischkonsum schädlich sein kann, ist unbestritten, aber dass Fleisch zugleich nicht mehr nur alle heiligen Zeiten auf den Teller kommt oder nur bei Herrschaften, war seinerzeit ein demokratischer Fortschritt. Denn je mehr Menschen am Reichtum der Welt teilhaben und sich Dinge leisten können, desto gerechter ist diese Welt.

Man könnte die Liste beliebig fortsetzen, aber alle Einwände zielen letztlich auch darauf ab, die Untätigkeit zu prolongieren. Der Einzelne könne eben nichts tun. Mag sein. Aber viele Einzelne eben schon. Und dass das mit den Verboten tatsächlich viel leichter geht als lange angenommen, weiß man spätestens seit der Einführung des Sicherheitsgurtes. Die wissenschaftliche Sachlage war klar, es würde weniger Tote geben; also war das Fahren ohne Sicherheitsgurt irgendwann bei Strafe verboten, ab 1976 in Deutschland, Österreich und der Schweiz. Mit der erwarteten Wirkung. Bis zur Coronakrise haben trotzdem nahezu alle politischen Parteien behauptet, man könne mit Verboten nichts erreichen. Das Gegenteil ist wahr, wie ein winziges Virus gezeigt hat. Mit enormen Folgen. Weltweit. Sofort waren Unsummen zur Hand, um die wirtschaftlichen Folgen abzumildern.

Warum uns dasselbe bei der Klimakrise so schwerfällt, hat viele Gründe. Und auch ein bisschen damit zu tun, dass Klimawissenschaft sehr kompliziert ist und unser Gehirn aber eigentlich faul. Grundsätzlich war das historisch betrachtet nicht nur schlecht und hat sich vor allem deshalb bewährt, weil unsere Vorfahren Energie sparen mussten, um nicht zu verhungern. Deshalb macht es sich das Gehirn gerne einfach.

Wenn unser Gehirn versucht, eine Aufgabe zu lösen, die seine Kapazitäten eigentlich sprengen würde, wendet es sogenannte »Heuristiken« an. Als Heuristik bezeichnet man den Versuch des Gehirns, mit begrenztem Wissen, also unvollständiger Information, innerhalb von kurzer Zeit eine Frage zu beantworten, deren Beantwortung eigentlich viel mehr Wissen voraussetzen würde.

Wenn ich etwa frage: »Wie groß ist die Bedrohung durch Dachlawinen?«, dann könnte man zwar flapsig antworten: »Kommt darauf an. Im Sommer – nicht besonders.« Die präzise Beantwortung würde aber eigentlich voraussetzen, dass man Zahlen der entsprechenden Untersuchungen im Kopf hat. Die kennt aber kaum jemand. Stattdessen ersetzt unser Gehirn die Frage also durch eine ähnliche Frage, die sich leichter beantworten lässt: »Habe ich in letzter Zeit häufig von Toten durch Dachlawinen gehört oder gelesen?«. Und das beeinflusst dann unsere Einstufung. Durch die Heuristik ersetzen wir eine schwierige Frage durch eine leichtere und beantworten stattdessen die. Das ist in unserem Alltag nach wie vor sehr oft sehr praktisch. Deshalb machen wir es eigentlich ständig, aber beim Klimawandel ist es besonders problematisch.

Wenn eine Klimaexpertin im Fernsehen etwas über den Klimawandel erzählt, dann möchte man natürlich wissen, ob die Aussagen auch stimmen. Streng genommen müsste man allerdings dazu erst einmal selbst Klimawissenschaft studieren, um die Aussagen seriös beurteilen zu können. Nur, die Zeit haben die meisten von uns normalerweise nicht.

Deshalb verfällt unser Gehirn wieder auf eine Heuristik und ersetzt die schwierige Frage »Stimmen diese Daten?« durch die deutlich einfachere Variante »Wirkt die Person, die ich da sehe, vertrauenerweckend?«. Und das ist besser als nichts, führt aber in eine völlig andere Richtung – und macht uns vor allem anfällig für Fehlinformation. Weil die Klimadaten zwar einerseits sind, wie sie sind, und zeigen, dass der Mensch den Planeten anheizt, man aber andererseits auch vertrauenswürdig wirken kann, indem man gegenteilige Aussagen trifft. Und das ist unserem Gehirn manchmal gar nicht unrecht. Lieb ausschauen ist für manche Politiker besser, als gut ausgebildet zu sein. Und das ist nur eine der vielen nachvollziehbaren, aber problematischen Vereinfachungen, die unser Gehirn trifft.

Bei der Coronakrise hat es von Anfang an geheißen, sie würde vorbei sein, wenn es eine Impfung gibt. Aber was könnte die Impfung bei der Klimakrise sein? Die ja kein bisschen weniger bedrohlich geworden ist, nur weil zwischendurch ein Virus Karriere gemacht hat.

Da haben manche, die es sich leicht machen wollen, den technischen Fortschritt als Allheilmittel zur Hand. Und das ist ein wenig ungerecht, denn viele dieser Fürsprecher hat der Fortschritt nicht verdient. War er doch in den vergangenen Jahrhunderten unbestritten gewaltig und hat viel dazu beigetragen, dass unser Leben so angenehm und sicher geworden ist, wie es heute ist. Vor allem die letzten 150 Jahre hätten sich wohl nie träumen lassen, dass sie einmal derart die Arschkarte ziehen würden. Dabei haben sie es nur gut gemeint und bis zu einem gewissen Grad eben auch gut gemacht. Es war ja nicht immer alles da, was wir heute als selbstverständlich betrachten und gerne benützen. Oder ist uns regelmäßig von den Tieren des Waldes ausgebrütet und auf die Türschwelle gelegt worden.

Die Physik hat sich gewaltig entwickelt, die Chemie und

die Medizin, wie wir sie heute kennen und schätzen, sind in dieser Zeit im Wesentlichen erst erfunden worden. Vor allem Überleben war bis dahin nicht im Überfluss verfügbar. Der schwedische Arzt und Professor für Internationale Gesundheit am Karolinska Institutet Hans Rosling hat es ebenso sinngemäß wie treffend zusammengefasst: Die Menschen haben früher nicht im Einklang mit der Natur gelebt, sie sind im Einklang mit der Natur gestorben.

Und jetzt fällt die Bewertung der Bilanz der letzten 150 Jahre derart schlecht aus. Man kann alles übertreiben! Ein Satz, der so trivial wie eben auch richtig ist. Und die Übertreibungen sind nicht nur quantitativ möglich, also indem man von irgendwas zu viel nimmt oder auch weglässt. Auch in Belangen, die vielfältiger strukturiert sind, ist es möglich, wirkungsvoll zu übertreiben. Zu viel sollte man den Fortschritt also nicht loben, sonst wird er übermütig und schreibt auf die letzten Schularbeiten nur noch schlechte Noten, weil er glaubt, alles geht von allein. Zu wenig aber auch nicht, denn dann traut man ihm zu wenig zu.

Wenn die Welt und ihre Bewohnbarkeit betrachtet und bewertet werden, dann gibt es natürlich Ausreißer aus dem, was als selbstverständlich vorausgesetzt wird. Einiges davon ist durchaus naturgegeben: saubere Luft und ausreichend Wasser. Nahrung für alle zum Beispiel ist aber schon etwas, was die Natur ohne den Eingriff oder das Zutun von Menschen nicht vorrätig hält. Seit Jahrtausenden betreibt der Mensch Ackerbau und kann sich davon ernähren. Aber noch im Mittelalter war der Ertrag eher gering; 10 ausgesäte Körner haben weniger als 30 Körner Ernte ergeben. Also musste die Hälfte dessen, was man geerntet hat, als Saatgut zurückgehalten werden. So kann man nur eine kleine Bevölkerung tatsächlich satt bekommen. Und es war ein Chemiker, Justus Liebig, der im 19. Jahrhundert in Form des Mineraldüngers eine Lösung für das Problem ersann. Auf diese Lösung ist er aber nicht durch das Studium des hundertjährigen Kalenders oder das Anwenden alter Bauernregeln gekommen, sondern durch eine sorgfältige Analyse der Stoffwechselprozesse zwischen Boden und Pflanze. Und er tat es auch nicht auf Geheiß eines geldgierigen Konzerns, sondern unter dem Eindruck einer Hungersnot. Dass es inzwischen das Problem der Überdüngung ebenso gibt wie geldgierige Konzerne, ist unbestritten, aber das ist Herrn Liebig nicht anzulasten, das geht aufs Konto der menschlichen Natur. Dass wir so viele Menschen ernähren können, wie wir können, ist der Chemie zu verdanken, und das nehmen wir allzu leicht als selbstverständlich hin, so, als wäre es naturgegeben.

Das menschliche Gehirn ist ein sehr energiehungriges Organ; mit nur ungefähr 2 % der Körpermasse verbraucht es rund 20 % der dem Körper zugeführten Energie. Vor ungefähr 2,5 Millionen Jahren hat sich in der Entwicklung der Primaten Entscheidendes getan. Zum einen gab es die heute sogenannten Nussknackermenschen, die mit mächtigen Kiefern zermalmten, was sie an Rohkost vorfanden; und daneben entstand eine Art von Frühmenschen, die, mit zarteren Kauladen ausgestattet, Nahrung zu sich nahmen, die sie vor dem Verzehr im Feuer zubereitet hatten. Dadurch war es möglich, dem Körper wesentlich mehr an Nährstoffen aus der Nahrung zuzuführen, wodurch diese Frühmenschen ein komplexeres Gehirn entwickeln und unterhalten konnten. Aus diesen Wesen hat sich der heutige Mensch entwickelt.

Am Anfang dessen, was man halb pathetisch, aber zutreffend als Menschwerdung bezeichnen kann, steht also eine Manipulation der Natur. In die Natur einzugreifen ist für uns Menschen wesentlich selbstverständlicher, als es manchem Welt- und Menschenbild angenehm ist, aber das, ebenso wie die Kritik daran, sollte man nicht übertreiben.

So, der Fortschritt kann also wieder zu flennen aufhören. Ohne ihn geht es natürlich nicht. Und es wird sicher auch in Zukunft Großes von ihm zu hören sein, worauf wir uns schon jetzt freuen sollten. Denn es wird für uns sprechen und für unsere Fähigkeit, die Welt zu verstehen, zu gestalten und uns auf ihr weiterzuentwickeln. Aber wird das allein helfen, die Erderwärmung in Zukunft aufzuhalten? Eher nein. Denn das Blöde am Klimawandel ist ja vor allem, dass er kein Problem der Zukunft ist, sondern eines der Gegenwart. Was auch immer wir in Zukunft entdecken und erfinden werden, es wird erst in der Zukunft funktionieren. Und etwas Neues zu entwickeln, um genügend Energie zur Verfügung zu haben, ist ja nur die halbe Miete. Die Menschheit müsste es dann auch noch akzeptieren und finanzieren. Und laut einer Studie dauert es von der Entwicklung über die Herstellung bis zum flächendeckenden Einsatz einer neuen Technologie im Schnitt 40 Jahre. Selbst wenn es nur die Hälfte wäre, käme es für das aktuelle Klimaproblem zu spät. Und selbst wenn es die Technologie schon gäbe, um etwa gegen den CO_2-Ausstoß vorzugehen, dann hieße das noch lange nicht, dass sie auch langfristig funktioniert. Teilweise funktioniert sie leider sogar unterirdisch schlecht.

GRAB DICH EIN

CCR war als Creedance Clearwater Revival eine der beliebtesten Rockbands des späten 20.Jahrhunderts, CCU und CCS sollen nun an die Publikumserfolge anknüpfen. Was ähnlich klingt, hat bei näherer Betrachtung aber gar nichts miteinander zu tun. CCS steht nämlich für *Carbon Capture and Storage* und CCU für *Carbon Capture and Utilization*. Beides sind technische Verfahren, um CO_2 – genauer: den Kohlenstoff – entweder für immer zu beerdigen (CCS) oder einzufangen und wiederzuverwerten (CCU). Die Idee, CO_2 gar nicht erst in die Atmosphäre entkommen zu lassen, wo es ja doch nur Unfug treibt, und es stattdessen in unterirdische Lagerstätten zu verbannen, ist naheliegend. Übeltäter einzusperren ist auch im Strafrecht seit Jahrtausenden eine beliebte Praxis, warum sollte das CO_2 da eine Extrawurst gebraten bekommen?

Erstens ist aber nicht das CO_2 der Bösewicht, sondern der für seine vermehrte Produktion Verantwortliche. Der Mensch. Und zweitens liegt der Teufel im Detail. Es gelingt zwar sehr gut, CO_2 etwa aus Kohlekraftwerken nicht einfach in die Luft gelangen zu lassen, aber die Effizienz der Kraftwerke leidet darunter – es wird also mehr Kohle verheizt, damit weniger CO_2 in die Atmosphäre gelangt. Damit könnte man vermutlich irgendwie leben. Allerdings macht das CO_2, wenn man es in die Erde verpresst, wie das genannt wird, gern Faxen. Im Sleipner-Gasfeld im norwegischen Teil der Nordsee wird seit 1996 circa eine Million Tonnen CO_2 pro Jahr abgetrennt und wieder unter die Erde gebracht. Ein Teil verschwindet dort aber so gründlich und für immer, dass man gar nicht mehr weiß, wo er ist. Der unterirdische Druck steigt dort zwar nicht an. Das wäre allerdings nur dann eine gute Nachricht, hätte man nicht in nur 24 Kilometer Entfernung mithilfe eines neuartigen autonomen Unterwasserroboters eine Vielzahl kleiner Risse entdeckt, die man zuvor von der Oberfläche nicht beobachten konnte.

Es kann also gut sein, dass die Erde unterirdisch an einer Stelle aufbricht, wenn man an einer anderen ein Gas hineinpresst. Manchmal steigt der Druck sogar so enorm, dass das darüberliegende Gebirge zu reißen droht. Nicht ausgeschlossen werden können auch leichte Erdbeben, ausgelöst durch das zusätzliche Gas unter der Erdoberfläche. Wenn das passiert, kann ein Teil des CO_2 wieder näher ans Tageslicht kommen, nämlich ins Grundwasser, und als Gastgeschenk giftige Schwermetalle aus dem darunterliegenden Gestein mitbringen. Und billig ist das Unterfangen obendrein nicht.

Noch schwieriger gestaltet sich CCU, also die Wiederverwertung von CO_2, nachdem man es aus den Abgasen gewonnen hat. Denn man würde daraus unter Zuhilfenahme von Wasserstoff entweder Methan machen, aus dem bei Verbrennung erst wieder CO_2 würde. Oder eine andere Chemikalie, die als industrieller Rohstoff dienen kann, wie Harnstoff. Das klingt zwar gut, funktioniert aber am Papier besser als in der Realität.

Beide Technologien, CCS und CCU, bezeichnet man als typische »End-of-the-Pipe-Lösungen«. Das bedeutet: Man möchte eine vorhandene Technik möglichst unverändert weiterbetreiben können, aber deren schädliche Auswirkung in einem zweiten Schritt mildern. So bestechend die Idee klingt, das nach der Verbrennung fossiler Brennstoffe etwa in kalorischen Kraftwerken zur Stromerzeugung entstehende Kohlendioxid aus den Abgasen herauszuholen und nicht in die Atmosphäre entweichen zu lassen, so wenig nachhaltig sind bislang die zur Verfügung stehenden Technologien. Denn weder hat sich die Endlagerung von Kohlendioxid unter der Erde als praktikabel oder gar endgültig herausgestellt, noch konnte man bisher ökonomisch sinnvoll Kohlendioxid chemisch in eine brauchbare Verbindung umwandeln.

End-of-the-Pipe-Lösungen scheinen generell das zu sein, wonach Klimaskeptikerinnen und -skeptiker Ausschau halten. Letztlich verbirgt sich dahinter allerdings nichts anderes, als weitermachen zu wollen wie bisher – aber mit besserem Gewissen und ein bisschen weniger Schaden.

Das ist ein Dilemma, mit dem wir auch bei der sogenannten Mobilitätswende zu kämpfen haben, also der Veränderung unserer Fortbewegungsgewohnheiten. Daran führt kein Weg vorbei, wenn wir den Kampf gegen den Klimawandel gewinnen oder auch nur aufnehmen wollen. Da sind sich fast alle einig, und um nicht Verliererin dieser Entwicklung zu sein, sucht man etwa in der Autobranche schon länger nach Auswegen. Der aktuelle Wunderwegweiser heißt Elektro-Mobilität.

Mit E-Motoren kann man guten Gewissens nichts am eigenen Verhalten ändern und sich trotzdem einreden, einen Beitrag zur Bewältigung der Klimakrise geleistet zu haben. An Stelle des SUV tritt ein Tesla, mit dem man ökologisches Bewusstsein signalisieren und sich die Anerkennung anderer sichern kann, ohne auf irgendetwas zu verzichten. Tatsächlich werden Elektrofahrzeuge laufend, oder vielmehr:

fahrend, besser und effizienter, und auch die CO_2-Bilanz fällt etwas günstiger aus im Vergleich zu Verbrennungsmotoren. Trotzdem sind die indirekten ökologischen Kosten des motorisierten Individualverkehrs immens, egal ob Benzin verbrannt wird oder ein Elektromotor das Fahrzeug antreibt. Stetig wachsende Straßeninfrastrukturen bedingen eine zunehmende Bodenversiegelung, führen also zu immer größeren Flächen, die mit Asphalt oder Beton zugepflastert sind. Hier kann kein Wasser versickern, was einerseits zu lokalen Überschwemmungen bei Starkregen führt; andererseits fehlt dieses rasch abfließende Wasser nachhaltig in der Versorgung, was vermehrte Trockenheit nach sich zieht.

Hinzu kommt, dass Autos nicht nur Fläche brauchen, wenn sie bewegt werden; die meiste Zeit stehen sie nur herum und führen in Städten zu einer Reihe von Folgeproblemen. Parkende Autos verstärken die Überhitzung von urbanen Räumen und nehmen so viel Platz in Anspruch, dass Fläche für urbanes Grün fehlt. Gerade Begrünung wäre aber essenziell, um urbane Hitzeinseln abzukühlen. Pflanzen kühlen nämlich nicht nur passiv durch Schattenwurf, sondern auch aktiv, indem sie über ihre Spaltöffnungen Wasser freisetzen. Durch die Verdunstungskälte wird Wärme verbraucht, so wie auch wir es machen, wenn wir schwitzen, oder Hunde, indem sie hecheln. Wenn Pflanzen allerdings trockenfallen, können sie diesen Kühlungsmechanismus nicht mehr einsetzen, und das ist nicht nur für die Pflanze selbst unangenehm, denn sie verwelkt und stirbt ab (was auch Pflanzen nicht sehr gerne mögen, soweit man weiß), sondern es führt auch zu mehr Hitze. Schattige Straßen würden uns wiederum dabei helfen, auf Mobilitätsformen zurückzugreifen, die in den letzten Jahrzehnten zu Sportarten degradiert wurden: Radfahren und Zu-Fuß-Gehen. Wobei Zu-Fuß-Gehen als Sportart seit dem Zusammenbruch des sogenannten Ostblocks derart marginalisiert worden ist, dass man es selbst bei den Olympischen Spielen kaum noch live überträgt, obwohl der Schauwert beträchtlich wäre, sieht es doch immer ein bisschen so aus, als hätte jemand die Wiedergabegeschwindigkeit falsch gewählt. Pop-up-Schnellgehsteige in der Stadt werden aber trotzdem die Ausnahme bleiben.

Viele unserer täglichen Wege ließen sich ohne Probleme mit eigener Muskelkraft zurücklegen, dennoch fahren nicht wenige Menschen mit ihrem Auto zum Fitnessstudio, um dort den Bewegungsmangel auszugleichen, den unser modernes Leben mit sich bringt. Durch die Erfindung moderner Technologien ist es uns Menschen überhaupt möglich geworden, viele Aspekte unseres Alltags auszulagern, die zuvor nur mit hohem Aufwand an physischer Energie zu meistern waren. Jetzt tun Maschinen die Arbeit, an die Stelle von Muskelkraft sind Motoren gerückt. Bei all den kleinen Entscheidungen, die wir den Tag über treffen, schlägt das Bauchgefühl sehr oft zugunsten der Motoren aus.

Das hat natürlich enorme Vorteile, denn lebensgefährliche oder ungesunde Tätigkeiten, die Menschen bei der Lohnarbeit sehr schnell verschlissen und nicht selten das Leben gekostet haben, werden nun von Maschinen erledigt, oft effizienter, schneller und zum Wohl der Menschen. Aber auch Nachteile gehen damit einher, denn viele Arbeiten müssten wir nicht von Robotern erledigen lassen. Roboterstaubsauger mäandern durch Wohnungen, Küchenmaschinen schlagen das Eiklar zu Schnee und der Wäschetrockner macht den Wäscheständer arbeitslos. Die Beliebtheit von Saugrobotern rührt aber vielleicht nicht nur daher, dass sie uns Arbeit abnehmen, sondern hängt auch damit zusammen, dass wir sie in vielerlei Hinsicht putzig finden und manchmal sogar ein wenig lachen müssen, wenn wir ihnen bei der Arbeit zuschauen. Während über Geschirrspüler niemand auch nur schmunzeln muss.

Möglicherweise erheitern uns ihre Bewegungen deshalb, weil runde Formen harmlos auf uns wirken. Hieb- und Stichwaffen sind in der Regel eher unrund, einmal abgesehen vom Morgenstern vielleicht. Und mangelnde Orientierung und wiederholte Fehlversuche in der räumlichen Koordination erinnern uns möglicherweise an uns selber, wenn wir sturzbetrunken vor der Wohnungstür stehen und versuchen, mit dem Schlüssel ins Schlüsselloch zu treffen. Außerdem surrt der Elektromotor vieler Saugroboter aufgrund seiner geringen Größe in einer hohen Frequenz, weshalb wir den Geschirrspüler, der tiefer brummt und nur stehen kann, als deutlich weniger unterhaltsam empfinden als den kleinen Sauger.

In den weltberühmten Laufbildvorträgen *Star Wars* hat man das Humorpotenzial dieser Parameter übrigens schon vor Jahrzehnten zu nutzen verstanden, in der Figur R2D2. Sicher ein Popstar in der Welt der Saugroboter, würde sein Poster im Schlafzimmer vieler kleiner Putzmaschinen hängen, hätten sie denn ein Schlafzimmer. Und wären in der Lage, Poster aufzuhängen. Dass R2D2 hochgebildet ist, sehr viele Sprachen spricht und deshalb auch zum Lebensretter wird, wird gern übersehen. Noch ist Ihr Saugroboter nicht sehr schlau, aber vielleicht kann er auch irgendwann einmal, was R2D2 kann, wenn es KI-mäßig so weitergeht, und dann ist es sicher besser, dass Sie seine Eltern heute nicht auslachen bei der Fronarbeit, nur weil sie dauernd mit dem Kopf gegen die Sesselleisten düsen. Wie auch immer er sich entwickeln wird, ist und bleibt auch der kleine, surrende Staubfresser eine klassische End-of-the-Pipe-Lösung. Selbst wenn er sich selber als Babelfish in the Making sieht. Kein Wunder, dass die Sehnsucht nach wirklichen Wundermaschinen steigt, nach denen man die Ends of Pipes tatsächlich in der Pfeife rauchen kann.

STARLORD

Sterne schauen nicht nur schön aus, vor allem in der Nacht, sie haben im Gegensatz zu uns ihr Energieproblem schon lange gelöst. Denn sie können Kernfusion.

Das darf man nicht verwechseln mit Kernspaltung. Was oft passiert, obwohl Fusion und Spaltung wirklich nicht sehr ähnlich klingen. Kernspaltung ist der Prozess, der unter anderem in Atombomben und in Kernkraftwerken eine Rolle spielt. Die friedliche Nutzung der Atomkraft gilt, was die Produktion von Treibhausgasen betrifft, als wesentlich besser als kalorische Kraftwerke. Beim Betrieb eines Kernkraftwerks wird nur noch verhältnismäßig wenig CO_2 produziert. Das klingt verlockend, zumal wir sehr gut wissen, wie man Atomkraftwerke baut und betreibt. Unter anderem deshalb spielt diese Form der Energiegewinnung auch in verschiedenen Szenarien des IPCC zur Erreichung der Klimaziele eine Rolle. IPCC steht für *Intergovernmental Panel on Climate Change*. Und ist eine interessante linguistische Mischform: Es wurde zwar ein Buchstabe unterschlagen in der Abkürzung, aber trotzdem kein neues Initialwort draus. Möglicherweise weil Ipocc zu sehr nach einem neuen Telekommunikationsgerät geklungen hätte.

Auf Deutsch heißt es übrigens *Zwischenstaatlicher Ausschuss für Klimaänderungen*. Aber selbst wenn man das F geopfert hätte, weil das international offenbar so üblich ist, bekäme man ZAK, was vor allem in seiner Dreiform seit dem aufsehenerregenden Ibiza-Video keine seriöse Referenz mehr ist.

Zurück zur Kernkraft. Auch wenn der Betrieb eines Atomkraftwerks wenig zur Treibhausgasemission beiträgt, so handelt es sich leider trotzdem um keine nachhaltige Technologie. Denn man braucht unter anderem Uran, einen Rohstoff, den wir auf der Erde nicht unbegrenzt zur Verfügung haben und der teilweise in geopolitisch heiklen Gegenden abgebaut wird. Außerdem muss Uran vor der Verwendung aufwendig und kompliziert aufbereitet werden, im Wesentlichen mit denselben Methoden, mit denen man auch Atombomben baut, also Kernspaltungswaffen. Wenn man es mit Kernkraft zu tun hat, hat man es also sehr oft auch mit Militär zu tun, mit Geheimhaltung, Intransparenz und mäßig demokratischen Prozessen. Und am Ende bleibt noch jede Menge radioaktiver Abfall über, der teilweise Jahrtausende und länger gefährlich ist und von dem bis heute niemand weiß, was man damit anstellen soll, wo und wie man ihn sicher lagern kann.

Und selbst wenn wir ein Lager gefunden hätten, das nach heutigen Standards als sicher gilt, so wäre es womöglich nur vermeintlich sicher. Warum?

DAS GEHT SIE EINEN DRECK AN

Es war eine Riesenüberraschung und sie kam aus Österreich. Normalerweise ist das kein gutes Zeichen, wenn Sie so was lesen. Nicht selten dient es als Vehikel für die seit zwei, drei Jahrzehnten wieder grassierende Heimatversoffenheit, die nicht zuletzt mitgeholfen hat, in Europa Rechtsradikale bis in Regierungsämter zu schieben. Aber im vorliegenden Fall liegt die Sache anders.

Es ging um eine wissenschaftliche Überraschung. Und schuld ist Amerika. Also, indirekt, es geht um Americium. Americium ist ein chemisches Element, das im Jahr 1948 nach Amerika benannt wurde. Davor wäre das unwahrscheinlich gewesen, denn bis Anfang des 20. Jahrhunderts war das British Empire als Weltmacht noch so viel mächtiger, dass ein damals entdecktes Element den Namen Europium bekommen hatte. Americium steht im Periodensystem ganz unten. Das klingt allerdings schlechter, als es ist, zumindest in den Augen eines Radiochemikers. Ab dem Uran, das wir gerade im Zusammenhang mit Kernkraftwerken besprochen haben, sind alle Elemente künstlich hergestellt. Viele zerfallen nach sehr kurzer Zeit, manche halten etwas länger. Das Isotop Americium 241 hat sogar eine Halbwertszeit von 420 Jahren – was bekanntlich heißt, dass nach 420

Jahren die Hälfte der Atome zerfallen ist. Das reicht locker, um damit Chemie machen zu können. Die Forscherinnen und Forscher haben sich aber nicht vors Americium gesetzt und beim Zerfallsprozess zugeschaut, sondern festgestellt, dass Americium seltsame Dinge anstellt, wenn niemand hinsieht. Und das war bislang der Fall, denn die Untersuchungsmethoden machen das Hinsehen erst seit Kurzem möglich.

Normalerweise hat in einer chemischen Verbindung der Hauptteil das Sagen und gibt die Eigenschaft vor. Kochsalz besteht bekanntlich hauptsächlich aus Natriumchlorid, und selbst wenn Rieselhilfen beigemengt werden oder sich kleine Verunreinigungen im Salz finden, ja selbst wenn Sie Reiskörner in den Salzstreuer geben, was übrigens einen hauptsächlich dekorativen Effekt hätte, selbst dann noch wäre Salz eindeutig in all seinen Eigenschaften eben das: Salz. Die Mehrheit bestimmt, wie Salz aussieht, wie es sich benimmt und wie es schmeckt.

Bei der Arbeit mit Americium hat sich aber etwas ganz anderes gezeigt. Wenn man Terbium, auch so ein Element ganz weit unten im Periodensystem, aber noch natürlich vorkommend, nur ganz wenig mit Americium verunreinigt, dann benimmt Ersteres sich anders, als es eigentlich sollte. Und ganz wenig heißt hier wirklich ganz wenig. Auf ein Teil Terbium kommt ein Billionstel Teil Americium. 10^{-12}, also »null Komma« und dann 11 Nullen und am Ende ein Einser. Praktisch nichts. Aber dieses Nichts verändert das Bindungsverhalten von Terbium grundsätzlich. Normal möchte sich Terbium nur mit Wasser verbinden, ist also quasi monogam. Kaum kommt aber Americium dazu, wird es polygam und wechselt die Partner. Wissenschaftlicher ausgedrückt: Der

Einfluss eines einzelnen Americium-Atoms verändert die chemischen Eigenschaften einer halben Milliarde Terbium-Atome derart, dass sie sich verhalten, als hätte sich ihr Atomgewicht scheinbar verringert. Das Terbium rutscht damit im Periodensystem der Elemente sozusagen um einiges weiter nach vorne. Anders als beim Salz, wo ein Fuzerl Dreck keinen Einfluss hätte, hat hier der »Dreck« das Kommando übernommen. Und das könnte Konsequenzen haben. Und zwar eben für mögliche Endlager von radioaktivem Müll.

Derzeit geht man davon aus, dass man radioaktiven Atommüll etwa in Salzstöcken einlagern kann. Die gibt es, niemand hat sonst dafür Verwendung, warum also nicht das Nützliche mit dem Praktischen verbinden. Atommüll ist aber nur eine volkstümliche Bezeichnung für einen Cocktail aus Spaltprodukten des Urans, in dem auch Spuren von Americium sein können. Bislang dachte man, es reiche, wenn man die Chemie und die Eigenschaften der Hauptkomponenten kennt, um deren Löslichkeitseigenschaften abschätzen zu können, und das Endlager sei verhältnismäßig sicher. Wenn man aber jetzt davon ausgehen muss, dass sogar kleinste Spuren von Verunreinigungen das grundlegend ändern können, dann kommen viele potenzielle Endlager vielleicht gar nicht mehr infrage.

Jeder, der von seinen Eltern einen Salzstock geerbt und sich gedacht hat, super Wertanlage, den verkaufe ich später einmal als Endlager, sollte jetzt umdenken. Oder sich eine Katze kaufen.

CAT CONTENT

Selbst wenn wir doch ein sicheres Endlager hinbekämen und all unseren Atommüll vergraben könnten, er würde zum Teil sehr lange strahlen. Manche Halbwertszeiten betragen bis zu 100 000 Jahre. Und wie sollte man solche Atommülldeponien für die Nachwelt sinnvoll kennzeichnen, damit dort nicht in 10 000 Jahren eine Tiefgarage gebaut wird, weil sich niemand mehr erinnern kann? Normale Hinweisschilder aus Blech würden irgendwann verrosten und ab einem bestimmten Zeitpunkt vermutlich nicht mehr erneuert, weil sich niemand zuständig fühlt.

Hinweistafeln aus Stein sind nicht nur der Verwitterung ausgesetzt, sondern könnten eines Tages als Baumaterial andere Verwendung finden. Beispiele aus der Geschichte gibt es dafür genug. Mit Schildern und dergleichen mehr käme man also nicht weit. Was tun?

Es gibt zwar keine Lösung für den Atommüll, aber um die Endlager für kommende Generationen kenntlich zu machen, dafür gibt es viele Ideen. Das dafür zuständige Fachgebiet, das sich mit der Ausflaggung von atomaren Endlagern beschäftigt, heißt Atomsemiotik. Ein Vorschlag besteht etwa darin, eine Art Religion zu gründen. Heilige Stätten bleiben in vielen Kulturen lange geschützt, erst unlängst wurde in Australien der Uluru/Ayers Rock wieder für den Besucherverkehr gesperrt, weil er den Aborigines als heilig gilt. Wegen alter Erzählungen über eine unsichtbare Geisterwelt. Die soll es vielleicht schon seit 40 000 Jahren geben. Diese Methode wäre also keine schlechte Wahl. Dass allerdings eine Art atomare Priesterschaft aus Wissenschaftlerinnen und Wissenschaftlern das Wissen über Radioaktivität und Atommüll für die Nachwelt im Gedächtnis halten und Unwissende mithilfe von Ritualen und Mythen vom Besuch der Lagerstätten abhalten sollte, war dann doch zu albern. Der Erfinder der Idee hat es später auch bereut, sie geäußert zu haben. Solche Skrupel plagen die Erfinder eines anderen Vorschlags nicht. Und wäre er heute schon umgesetzt, wären die Protagonisten sicherlich Internetstars – nämlich leuchtende Katzen.

Im Normalfall sind Katzen außer zum Streicheln und Gernhaben nicht besonders nützlich. Man darf sie nicht essen, kann nicht auf ihnen reiten, sie können keine Lasten ziehen und wenn man in der Lawine liegt, kann man lange warten, bis die Katze hilft. Aber als Anzeiger von radioaktiven Endlagern könnten sie eine ganz neue Karriere starten. Der Plan lautet, Katzen gentechnisch so zu verändern, dass sie zu leuchten beginnen, sobald sie eine Gegend betreten, in der die radioaktive Belastung eine gewisse Grenze übersteigt. Wo die Katze zu leuchten beginnt, wäre also Sperrgebiet. Die Katze als schnurrender Geigerzähler. Dagegen schaut jeder Lawinenhund alt aus.

Was man allerdings bei aller Ideenpracht der Atomsemiotik nicht übersehen darf, ist: Die Disziplin ist aktuell ziemlich irrelevant. Bis wir vor dem Problem stehen, irgendwelche Menschen in 100 000 Jahren vor Atommüll zu warnen, müssen noch so viele andere Probleme gelöst werden, dass sich jetzt darüber Gedanken zu machen vergleichbar damit ist, heute schon darüber zu diskutieren, ob ein Arbeitstag im Büro am Mars acht oder neun Stunden lang sein soll. Bekanntlich braucht der Mars ja für eine Drehung um seine

Achse 25 Stunden und nicht nur 24. Möglicherweise wird es irgendwann einmal praktisch sein, wenn wir auch dafür eine Lösung haben, aber davor stehen sehr viele andere Herausforderungen auf der Agenda.

Anders als die Kernspaltung soll die Kernfusion kein Problem für die Ewigkeit sein, sondern eine Lösung. Weshalb nicht nur die dümmsten Menschen auf sie zählen. Auch schon in naher Zukunft. Gäbe es in absehbarer Zukunft auf der Erde Kernfusion im großen Stil, wäre das tatsächlich toll, es wäre die schnelle Energiewende, auf die viele hoffen. Unglücklicherweise haben wir aber noch ein ziemlich menschliches Problem mit ihr – wir können dabei quasi das Wasser nicht halten.

SLEIGHT OF HAND

»Ziehen Sie eine Karte. Merken Sie sich die Farbe. Ich werde die Karte nun vor Ihren Augen verschwinden lassen.« Und schwuppdiwupp, weg. Auch aus nächster Distanz hat man keine Ahnung, wie das funktioniert. Sleight of hand gehört zum Beeindruckendsten im Repertoire von Zauberkünstlerinnen und -künstlern. Aber am Ende löst sich alles zum Guten. Das könnten wir auch brauchen.

Einer der Gründe, warum wir so viel CO_2 in der Atmosphäre haben, liegt an der Art und Weise, wie wir Energie gewinnen, nämlich hauptsächlich durch das Verbrennen fossiler Brennstoffe. Dass es auch anders geht, sagen uns die Sterne. Aber sie sagen uns nicht, wie und in welchem Haus die

Bauanleitung liegt. Denn wenn hier von Sternen die Rede ist, dann von Wissenschaft. Damit hat Astrologie nichts zu tun.

Wir müssten es irgendwie hinkriegen, die Energiequelle zu nutzen, die auch die Sterne nutzen. Die leuchten ausgesprochen hell und lange und erzeugen enorm viel Energie. Und zwar durch Kernfusion. Aber wie machen sie das? Ziehen Sie eine Karte.

Theoretisch ist das eigentlich relativ simpel. Man nimmt leichte Atome wie Wasserstoff und schmeißt sie mit Wucht zusammen, sodass daraus schwerere Atome werden, wie Helium. Das ist Fusion und dabei wird Energie frei.

Wenn das so einfach geht, dass man nur ein paar leichte Atome zermanschen muss, wieso machen wir das dann nicht längst? Haben die Sterne ein Patent drauf und wir dürfen nicht?

Nein. Aber so einfach es ist, zu erklären, was bei der Kernfusion passiert, so schwer ist es, sie auf der Erde nachzuahmen. Dass dabei überhaupt Energie frei wird, ist alles andere als selbstverständlich und liegt an der Bindungsenergie. Vereinfacht gesagt: Im Atomkern werden die Kernteilchen wie etwa Protonen und Neutronen fest zusammengehalten durch die sogenannte Starke Kernkraft. Die wirkt aber nur auf sehr kurze Entfernungen. Dann dafür ordentlich. Um Kernteilchen aber so nahe zusammenzubringen, dass sie fusionieren, muss man sehr viel Energie aufwenden. Denn davor wirkt die elektrostatische Abstoßungskraft, etwa zwischen den elektrisch positiv geladenen Protonen. Die macht das, was ihr Name sagt, nämlich abstoßend wirken, und will mit allen Mitteln verhindern, dass sich Kernteilchen zu nahe kommen. Wenn es aber gelungen ist, dann sind sie auch nicht mehr so leicht zu trennen. Um diese Bindung wieder zu lösen, braucht man viel Energie. Die umgekehrt frei wird, wenn man es schafft, die Teilchen miteinander zu verbinden.

Man kann sich diesen Vorgang gut veranschaulichen, wenn man uns Menschen und unser Verhältnis zur Erdanziehung betrachtet. Stellen Sie sich vor, Sie helfen bei einem Umzug und ziehen das große Los: Sie müssen eine Waschmaschine vom Erdgeschoss in den fünften Stock tragen. Allein. (Es ist nur eine Näherung, kein realistisches Szenario.) Alles auf der Erde wird durch Gravitationskraft an die Erde gebunden. Sie und die Waschmaschine auch. Um die Schwerkraft zu überwinden, müssen Sie demnach Energie aufwenden, wenn Sie sich vom Erdgeschoss lösen wollen. Im fünften Stock angelangt bemerken Sie zu Ihrem Leidwesen, dass Sie sich in der Adresse geirrt haben und sich im falschen Haus befinden. Jetzt haben Sie zwei Möglichkeiten. Entweder Sie tragen die Waschmaschine wieder hinunter, oder Sie haben keine Lust mehr und werfen die Waschmaschine einfach aus dem Fenster und können so direkt beobachten, wie die in das praktische Haushaltsgerät gesteckte Energie wieder frei wird, sobald es auf dem Erdboden auftrifft. Die gesamte Energie, die Sie investiert haben, um die Waschmaschine und sich von der Erde loszureißen und in den fünften Stock zu gelangen, wird in Form von Deformationsenergie und Schall wieder frei, wenn sich Waschmaschine und Erde erneut binden.

So ungefähr kann man sich das mit der Bindungsenergie auch bei der Kernfusion vorstellen. Wobei da allerdings nicht

Fragen auftauchen wie »Welcher Depp trägt eine Waschmaschine in den fünften Stock? Noch dazu alleine? Und wirft sie dann auch noch wieder runter?«. Sondern leider ganz andere, die deutlich schwerer zu beantworten sind. Auch wenn wir längst nicht ganz verstanden haben, was in der Sonne alles vor sich geht – wie Kernfusion funktioniert, wissen wir schon länger. Und sie wäre auch ohne Zweifel eine fantastische Möglichkeit, auf der Erde Energie zu gewinnen. Unmengen von Energie, die kaum radioaktiven Müll hinterlässt, und die dafür benötigten Rohstoffe sind beinahe in unbegrenzter Fülle vorhanden. Was uns bremst, sind vor allem zwei Dinge. Also, es sind natürlich in Wirklichkeit noch viel mehr, aber die zwei allein würden schon reichen.

Damit Wasserstoffatome fusionieren, braucht man erstens sehr viele davon auf sehr kleinem Raum, und zweitens müssen sie sich enorm schnell bewegen, damit sie mit ausreichend großer Wucht aufeinanderprallen und dadurch fusionieren. Die Sonne hat beides im Überfluss: Druck und Temperatur. In Sternen, das wissen Sie noch von der Suche nach Planet B, hat es rund 15 Millionen Grad. Das reicht, da kann man sogar ein Fenster gekippt lassen, ohne der Kernfusion dazwischenzufunken. Dabei arbeitet die Sonne gar nicht besonders effizient. Rein statistisch kann ein einzelnes Wasserstoffatom dort für einige Millionen Jahre durch die Gegend fliegen, ohne mit einem anderen zu fusionieren. Weil so viel Platz ist. Nicht an, sondern in der Sonne, wohlgemerkt. Dass trotzdem ständig Fusionsreaktionen stattfinden, liegt einfach daran, dass in der Sonne derart viel Wasserstoff unterwegs ist, dass trotzdem immer irgendwo ein Atom ein anderes findet.

Und das war auch eine der großen Herausforderungen, denen wir Menschen uns gegenübersahen, als wir in den 1950er-Jahren begannen, Kernfusion auf der Erde nachzustellen. Denn anders als die Sonne ist die Erde vergleichsweise klein. Um einen Stern wie die Sonne auf der Erde nachzubauen, fehlt schlichtweg der Platz. Selbst wenn wir es könnten. Und da wir so auch den hohen Druck nicht hinbekommen, der in der Sonne herrscht, müssen wir versuchen, umso höhere Temperaturen zu erzeugen. Denn dann bewegen sich die Atome schneller. Deutlich höher bedeutet in dem Fall 150 Millionen Grad Celsius. Das ist zehnmal so heiß wie in der Sonne und führt uns direkt zum nächsten Problem: Wie bewahrt man etwas auf, das so heiß ist?

Thermoskanne ist leider nicht die richtige Antwort. Aber wir haben Glück, denn sehr heißes Zeug kann man mit Magnetfeldern einsperren. Das braucht man im Alltag nie, Ihre Kühlschrankmagneten also können bleiben, wo sie sind. Aber bei der Kernfusion hilft folgende Idee: Wenn man ein Gas ausreichend stark erhitzt, dann wird es ionisiert. Die Elektronen aus der Hülle der Atomkerne lösen sich von den Atomkernen. Dabei vermählt sich das Nützliche mit dem Praktischen, denn Elektronen würden bei der Fusion nur stören, die müsste man sowieso irgendwie loswerden. Übrig bleibt ein sogenanntes Plasma, also ein sehr heißes Gas, in dem die Atomkerne ohne an sie gebundene Elektronen existieren. Das ist nun auch elektrisch geladen, aufgrund der positiven Ladung der Atomkerne. Deshalb kann man Plasma durch Magnetfelder manipulieren und »einsperren«. Mission accomplished, cheers und Champagner für alle!

Das wäre schön, leider ist die Praxis noch etwas vertrackter als die Theorie. Der Champagner muss noch warten. Es genügt leider noch überhaupt nicht, dieses 150 Millionen Grad heiße Plasma irgendwie einzusperren. Es muss auch dicht genug zusammengequetscht werden, damit sich die Atome ausreichend oft begegnen, um miteinander fusionieren zu können. Dazu ist ein Druck von etwa einem Bar notwendig. Die Größenordnung kennen Sie vielleicht, denn das ist ungefähr der Luftdruck auf der Erdoberfläche. Den gibt es demnach gratis und fast überall, wo liegt also das Problem? Hohe Temperatur bedeutet, physikalisch salopp gesagt, hohe Geschwindigkeit. Die Teilchen im Plasma sausen wie geölte Blitze durch die Gegend, es ist also nicht nur entsprechend schwierig, sie zusammenzuhalten, sondern auch zu erreichen, dass der Druck konstant bleibt.

Die Magnetfelder, quasi die Gefängnismauern, müssen schon sehr stark sein. Es gibt Lösungen dafür, aber sie sind sehr, sehr kompliziert. Sehr, sehr vereinfacht gesagt, umgibt man entweder einen ringförmigen Magneten mit einer ausgesprochen komplizierten Anordnung aus verdrehten und verdrillten Spulen. Oder man belässt es bei einem einfacheren Magneten ohne zusätzliche Spulen, leitet aber außerdem Strom durch das sich bewegende Plasma – das dadurch ebenfalls ein Magnetfeld erzeugt, das wiederum mit den anderen Magnetfeldern wechselwirkt. Einfacher kann man es fast nicht erklären, ohne dass es falsch wird, aber selbst darunter kann man sich kaum etwas vorstellen. Plasma bewegt sich nämlich sehr ungern nett und ordentlich. Überall gibt es Wirbel, Strömungen, Unregelmäßigkeiten und anderes Zeug, das einem das Leben schwer macht. Das Ganze ist potenziell chaotisch und die Bewegung eines fließenden Materials kaum exakt vorhersagbar. Was im Falle des Plasmas auch sehr überraschend wäre, denn es ist elektrisch leitend, wird zusätzlich durch Magnetfelder beeinflusst, produziert selbst ebenfalls Magnetfelder und ändert zudem seine Eigenschaften mit der Bewegung, mit der Temperatur, mit dem Druck und mit anderen Rahmenbedingungen – und das ständig. Dadurch ändern sich leider auch die Magnetfelder, was Auswirkungen auf die Bewegung und die Eigenschaften des Plasmas hat, was wiederum die Wechselwirkung mit den Magnetfeldern beeinflusst und so weiter. So schaukelt sich das hoch und endet quasi bei: »Immer einmal mehr als du!«

Vorstellen kann man sich die Kapriziosität von Plasma anhand eines Wasserglases. Was passiert, wenn man es kippt? Richtig, das Wasser rinnt aus dem Glas und landet auf dem Boden. Das kommt uns banal vor, aber rein rechnerisch sollte das Wasser sich anders verhalten und im Glas bleiben. Und das weiß es leider nicht und macht deshalb diesen schweren Fehler? Nein. Natürlich gehen wir davon aus, dass auch Wasser, wie vorhin die Waschmaschine, von der Schwerkraft angezogen wird und sich deshalb Richtung Boden bewegt. Aber überall auf der Erde herrscht auch Luftdruck. Und die Luft drückt von allen Seiten gegen das Wasser. Wenn man das Glas umdreht, drückt auch von unten Luft gegen das Wasser. Und eigentlich wäre der Luftdruck stark genug, um Wasser im Glas zu halten, entgegen der Gravitationskraft.

Trotzdem schafft es das Wasser mühelos raus aus dem Glas. Aber nicht in erster Linie, weil die meisten Gläser auf einer Seite eine große Öffnung haben, so sind Trinkgläser definiert, sondern weil im Wasser dieselben komplexen Instabilitäten herrschen, die auch die Kontrolle eines Plasmas bei der Kernfusion so schwierig machen. Wenn die Oberfläche des Wassers exakt eben wäre, könnte der Luftdruck überall exakt gleich dagegendrücken, und dem Wasser würde nichts anderes übrig bleiben, als im Glas zu verweilen. Auch kopfüber. Weil auf der Wasseroberfläche aber immer kleine Unregelmäßigkeiten auftreten, sie nie gleichmäßig eben ist, kann der Luftdruck an unterschiedlichen Stellen des Wassers unterschiedlich stark drücken. Das verstärkt die Unregelmäßigkeiten und beides schaukelt sich immer weiter hoch, bis am Ende alles zusammenbricht und das Wasser hinausfließt. Für unsere Augen passiert das viel zu schnell, aber trotzdem ist das der Grund dafür, dass das Wasser nicht im Glas bleibt, wenn man es kippt. Verhindern lässt sich das Ganze, Sie kennen den Trick vielleicht, indem man die Öffnung des Glases vor dem Kippen mit einer Spielkarte abdeckt. Wenn man jetzt das Glas umdreht, dann ist die Wasseroberfläche durch die Karte praktisch eben, der Luftdruck kann seiner Aufgabe gleichmäßig nachkommen, und das Wasser bleibt im Glas.

Und genau an einer solchen Spielkarte arbeitet man seit den 1950er-Jahren, um das Plasma bei der Kernfusion zu beherrschen. Dabei kommt man zwar immer weiter, aber längst nicht so schnell, wie man das gerne hätte. Dachte man anfangs noch, man würde die technischen Probleme in ein paar Jahren ruckzuck im Griff haben und dann gibt's Kernfusion für alle (und Champagner), hat man inzwischen einsehen müssen, dass es bei der Angelegenheit nicht nur bekannte Probleme gibt, die man lösen muss. Sondern dass Probleme auf uns zukommen, von denen man noch nicht einmal weiß, dass man sie wird lösen müssen.

Seit den 1950er-Jahren des 20. Jahrhunderts versuchen wir Menschen einen Kernfusionsreaktor zu bauen, der kommerziell betrieben werden kann. Der also viel mehr Energie erzeugt, als man zum Betreiben braucht. 1973 wurde beschlossen, den Versuchsreaktor JET zu bauen. JET steht für *Joint European Torus* und ist ein tadelloses Akronym. 1983 hat er den Betrieb aufgenommen und 1991 das erste Mal eine kontrollierte Kernfusion geschafft.

Allerdings nur für zwei Sekunden, und man musste deutlich mehr Energie in den Reaktor hineinstecken, als nach der Fusion wieder herausgekommen ist. Sein Nachfolger ITER befindet sich im Bau, und war einmal das Akronym für *International Thermonuclear Experimental Reactor*. Thermonuclear macht im Marketing heute aber keinen schlanken Fuß mehr, weshalb ITER heute nicht mehr als Akronym gilt, sondern nur mehr als Name. ITER hätte bereits 2016 den Betrieb aufnehmen und fünf Milliarden Euro kosten sollen. Das war der Plan.

(Können Sie sich noch erinnern, welche Farbe Ihre Karte hatte?)

Aktuell wird in Frankreich noch immer an ITER gebaut, und wenn alles gut geht, wird der Reaktor nur etwas mehr als dreimal so teuer wie geplant und frühestens 2030 fertiggestellt. Die erste Fusion könnte dann 2035 stattfinden. Und selbst wenn das gelingt, wird die Anlage nur ein experimenteller Reaktor gewesen sein, der nicht zur wirtschaftlichen Produktion von Energie eingesetzt werden kann. Das will man mit dem Nachfolgemodell DEMO erforschen, das leider bislang nur auf dem Papier bzw. auf Festplatten oder in Clouds existiert. DEMO steht für *DEMOnstration Power Plant* und ist in der Entwicklung ungefähr genauso weit gediehen wie sein Akronym. Und erst nachdem DEMO (von dem heute noch niemand sagen kann, auf welche Schwierigkeiten in Bau und Betrieb er uns stoßen wird) einmal mehr gezeigt hat, dass wir nun wissen, wie Kernfusion im größeren Stil funktioniert, bekommt PROTO seinen großen Auftritt, das Nachfolgemodell, mit dem erstmals ein Fusionsreaktor für die kommerzielle Erzeugung von Energie zur Verfügung stehen soll.

Welches Save the Date kann man sich eintragen? Im Idealfall wäre Baubeginn nicht vor 2050, Inbetriebnahme wahrscheinlich gegen Ende des 21. Jahrhunderts. PROTO ist noch so vage, dass es noch nicht einmal einen Vorschlag gibt, aus welchen Wörtern das Akronym gebildet werden könnte. PROTO heißt bislang einfach nur PROTO.

Egal, für welche Farbe aus dem Kartenstapel Sie sich vorhin entschieden haben – um die Kernfusion hinreichend zu beherrschen, fehlt uns leider einfach die Karte, die das Wasser im Glas hält.

VOLLE PULLE!

So oder so ähnlich verhält es sich mit allen Wundermaschinen der Zukunft, die unser Klima retten sollen. Flugtaxis, Wasserstoffautos, was auch immer. Entweder haben wir eine Idee, aber die Probleme der Praxis sind längst nicht gelöst, oder wir haben nicht mehr als eine vage Vorstellung oder Fantasie, welche Wundermaschine wir gerne hätten.

Warum trotzdem zahlreiche Menschen, und nicht nur die

dümmsten, schon jetzt erzählen, dass Erfindungen wie Kernfusionsreaktoren schon in naher Zukunft unsere Energieprobleme lösen und uns vor dem Klimakollaps bewahren werden, ist allerdings viel einfacher zu erklären, als die Reaktoren zum Laufen zu bekommen. Manche dieser Menschen sind vermutlich einfach zu enthusiastisch, andere haben keine Ahnung, wovon sie reden, wieder andere wollen von Dingen ablenken, die bei der Bekämpfung des Klimawandels vorrangig wären. Und wie immer sind auch solche mit dabei, die sich einfach nur wichtig machen wollen. Mehrfachnennungen sind möglich.

Selbst wenn der erste wirtschaftlich erfolgreiche Reaktor möglicherweise nicht mehr zu Ihren Lebzeiten fertig wird, bedeutet das natürlich nicht, dass man die Forschung an der Kernfusion gleich bleiben lassen kann. Ganz im Gegenteil, sie ist wichtig und faszinierend und wird uns sicher weiterbringen. Sie sollte sogar mit mehr Elan und Geld betrieben werden, als wir es aktuell tun. Aber ihr Nutzen für die Allgemeinheit wird sich erst irgendwann in der Zukunft ergeben. Und bis dahin wird die Angelegenheit mit dem Klimawandel längst auf die eine oder andere Weise entschieden sein.

Wenn Sie also schon Champagner eingekühlt haben, um auf die Kernfusion anzustoßen, dann sollten Sie ihn lieber jetzt schon trinken. Und bräuchten immerhin wegen des CO_2, das dabei frei wird, ausnahmsweise keinerlei Bedenken zu haben.

Bevor wir uns dem CO_2 als Popstar und Partybremse des Klimawandels zuwenden, wollen wir es kurz loben. Denn CO_2 ist dafür verantwortlich, dass wir Champagner so köstlich finden. Sagt zumindest die Physik.

Kohlendioxid ist in Wasser, also auch in Wein löslich, und zwar umso besser, je tiefer die Temperatur ist und je höher der Druck. Wenn wir jetzt die Flasche öffnen, sinkt sofort der Druck, die Löslichkeit wird herabgesetzt, und das Gas kann entweichen. Gasbläschen transportieren die Aromastoffe an die Oberfläche und verteilen sie, indem sie zerplatzen, in der Luft über dem Getränk. Noch vor dem ersten Schluck lösen somit zerplatzende Gasbläschen eine regelrechte Explosion des Champagner-Aromas im Glas und in unserer Nase aus. Und rülpsen kann man auch erstklassig. Mit etwas Übung sogar alle Selbstlaute hintereinander. So sieht es die Physik.

Die Mikrobiologie lobt hingegen die Hefe als Schlüssel zum Erfolg. Im Zuge der Gärung, die beim Champagner in zwei Schritten abläuft, verwandelt Hefe erst den Zucker der Trauben und danach den extra zugesetzten in Alkohol und CO_2 um. Dadurch steigt der Alkoholgehalt im Schaumwein und der Druck in der Flasche auf sechs bis sieben Bar. Das ist deutlich mehr, als man für Kernfusion brauchen würde, aber die empfohlene Lagertemperatur von Champagner liegt erheblich unter 150 Millionen Grad.

Was die Hefe noch macht während der Gärung, ist, ums Überleben zu kämpfen. Allerdings vergeblich. Denn schon nach wenigen Wochen sind die Nährstoffe im Wein aufgebraucht, und alte Hefezellen sterben. Im Tod dienen sie den jüngeren Tochterzellen noch eine Zeit lang als Nahrung, aber nicht sehr lange, und dann stirbt auch die nächste Generation. Die Tochterzellen platzen dabei auf und setzen Zellinhaltsstoffe in den Schaumwein frei, unter anderem Aminosäuren, Zucker und Proteine. Daher hat der Schaumwein sein besonderes, weltweit beliebtes Aroma. Das bedeutet im

Klartext, das, was wir als Champagner-Bouquet schätzen, ist im Wesentlichen nichts anderes als die von innen nach außen gekehrten Eingeweide von verhungerten, kannibalistischen Hefezellen während des Todeskampfs. Und der Champagner ist eigentlich nur Grabbeigabe.

Ob Champagner gut oder schlecht ist, kann man übrigens auch hören am Klang der sprudelnden Bläschen. Jedes Mal wenn ein Gasbläschen Richtung Oberfläche aufsteigt, beginnt es zu schwingen. Je nach Größe schwingen die Bläschen in einer bestimmten Frequenz. Je kleiner, desto höher. Hohe Qualität zeigt sich somit an hohen Tönen. Sie deuten auf einen langen Gärprozess hin, der dem Champagner seine Qualität verleiht. Wenn Ihr Champagnerkelch ein Sopran ist, haben Sie Glück, bei Bass weniger.

GAS VERSUS VOLLGAS

Wie viele Champagnerflaschen müsste ein Pkw-Besitzer leeren, um pro Jahr gleich viel CO_2 auszustoßen wie sein Auto?

Laut dem Statistik-Portal Statista lag der Gesamtabsatz von Champagner weltweit im Jahr 2019 bei 297,5 Millionen Flaschen á 0,75 Liter. Wenn wir jetzt davon ausgehen, dass eine 0,75-l-Flasche Champagner um die 10 Gramm CO_2 enthält – die Angaben dazu schwanken zwischen 8 und 12 Gramm –, dann läge der Ausstoß an CO_2 durch den Konsum von Champagner weltweit bei circa 3 Millionen Kilogramm CO_2, also 3000 Tonnen.

Wenn wir jetzt davon ausgehen, dass die durchschnittlich

errechneten CO_2-Emissionen bei einem Pkw bei 130 Gramm pro Kilometer liegen, haben wir bei einer Jahresleistung von 15 000 Kilometern einen Ausstoß von circa zwei Tonnen CO_2 pro Pkw. Dann entspräche der Ausstoß an CO_2 durch den Konsum von Champagner weltweit dem CO_2-Ausstoß von rund 1500 Mittelklassewagen, die pro Jahr je 15 000 Kilometer fahren.

Würde man auf das Auto gänzlich verzichten, müsste man bei einer Jahresfahrleistung von 15 000 Kilometern mit einem Mittelklassewagen mit einer durchschnittlichen CO_2-Emission von 130 Gramm pro Kilometer jährlich 200 000 Champagnerflaschen (0,75 l) leeren, um den Klimawandel weiter nachhaltig anzukurbeln.

200 000 Flaschen klingt nach einem Vorhaben. Aber um die Global-Warming-Party standesgemäß zu feiern, wenn wir uns endlich dazu aufgerafft haben, die Erderwärmung in den Griff zu bekommen, könnten wir vielleicht mit einem noch ungewöhnlicheren Tröpfchen anstoßen.

PARTY BREMSEN

Bremsen gelten als ausgesprochen lästige Zeitgenossen. Sie können Krankheiten übertragen, ihr Stich ist schmerzhaft und manche stechen sogar durch die Kleidung. Kaum jemand mag sie, kein Sportverein von Rang hat sie als Maskottchen, kein Staat führt sie als Wappentier, auf jedem Gartenfest sind sie unwillkommen. Um den Weg zu ihren Opfern zu finden, orientieren sie sich auch an CO_2. Wie viel unbeliebter kann man sich eigentlich machen?

Verglichen mit dem, was CO_2 als Party-Bremse kann, sind die geflügelten Namensvettern trotzdem harmlos. Noch vor 20 Jahren war CO_2 ein Molekül, das viele Menschen fälschlicherweise nur als Kohlensäure im Erfrischungsgetränk wahrgenommen haben, als Sprudel im Wasser mit Gas. Oder Kinder als Kugerl im »Punktiwasser«. Heute will niemand mehr was mit ihm zu tun haben. Wir kommen ihm aber nicht aus. Auch nach der Coronakrise wird die CO_2-Konzentration in der Atmosphäre weiterhin steigen, und die Krise hatte darauf selbst in all ihrer Wucht höchstens einen minimalen Effekt. Ein paar Wochen weniger Flugverkehr und ein bisschen weniger industrielle Produktion, das fällt kaum auf angesichts der ungeheuren Menge an CO_2, die wir Menschen im Regelbetrieb produzieren. Falls Sie gehofft hatten, die Coronakrise hätte als Friendly Fire den Klimawandel besiegt, dann könnten Sie kaum falscher liegen. Auch wenn es diesen Komparativ eigentlich nicht gibt.

Trotzdem fordern manche Forscherinnen und Forscher,

wir müssten noch erheblich mehr CO_2 produzieren. Sie sind alle bei Trost, und das kommt so.

Neben CO_2 existieren noch schlimmere Treibhausgase, etwa Methan. Geruchlos, unsichtbar und leicht entzündlich hat es innerhalb der ersten 20 Jahre nach seiner Freisetzung sogar eine etwa 84-fach stärkere Treibhauswirkung als CO_2. Das ist übrigens das berühmte CO_2-Äquivalent, von dem man immer wieder liest und das angibt, wie viel ein Treibhausgas im Vergleich zur selben Menge CO_2 zum Treibhauseffekt beitragen würde. CO_2 ist deshalb unbeliebter als Methan, weil es sich in der Atmosphäre besonders lange halten kann und wir davon größere Mengen freisetzen, und zwar in Prozessen, die wir alle kennen, wie Verbrennungen im Haus, in Fabriken oder Automotoren. Aber auch die Menge an Methan in der Atmosphäre haben wir in den letzten 150 Jahren um das 2,5-Fache gesteigert. Mithilfe von gefluteten Reisfeldern, Mülldeponien und der Gewinnung von Erdgas. Und Verdauungstrakten. Dabei ist die Methanproduktion eines Menschen bei Darmgrimmen überschaubar. Auch wenn Ihre Mitbewohnerinnen und Mitbewohner längst vehement fordern, dass die Fenster geöffnet werden, wird noch lange keine Messstation Alarm schlagen.

Weidetiere wie Schafe und Rinder spielen hingegen in der Methan-Champions-League und sind für mindestens 30 % des (direkt oder indirekt) durch den Menschen verursachten Methan-Ausstoßes verantwortlich. Wie bei CO_2 setzt sich das Methan, das sich in der Atmosphäre befindet, aus zwei Teilen zusammen. Aus dem, was die Natur spendiert (das bleibt im Wesentlichen immer gleich viel), und dem, was wir kredenzen. Das ist in den letzten eineinhalb Jahrhunderten deutlich mehr geworden. Ein motiviertes Rind mit schlechter Verdauung stellt in sich pro Tag bis zu 500 Liter Methan her. Und entlüftet auf kürzestem Weg. Ein Großteil des Methans entsteht im Vormagen, da entlüftet das Rind einfach beim nächstgelegenen Ventil, dem Maul, um die Transportkosten gering zu halten. Der Rest kommt vis-à-vis ans Tageslicht. Also egal, wo sie bei der Kuh mit dem Feuerzeug hinzünden, es verspricht immer ein Erfolgserlebnis. Natürlich ein wenig abhängig davon, wie Sie Erfolg definieren.

Schnell alle Kühe aufzuessen, damit sie aufhören Methan zu produzieren, wäre klimatechnisch vielleicht sinnvoll, kulinarisch jedoch rasch monoton. Es gibt weltweit etwa 1,5 Milliarden Rinder, die schmeißt man nicht über Nacht auf den Grill. Und selbst wenn man die Hälfte als Beef-Tatar serviert, schaut Nachhaltigkeit anders aus. Weniger Fleisch zu essen, wäre eine Möglichkeit, weniger Rinderzucht eine andere, aber die 1,5 Milliarden Tiere gibt es ja bereits und sie verdauen wie die Großen. Was könnte man dagegen tun? Eine Überlegung ist die sogenannte Kängurukot-Transplantation. War vermutlich auch Ihr erster Gedanke. Zu Recht. Denn man geht seit den 1970er-Jahren davon aus, dass Känguru-Flatulenzen aufgrund spezieller Darmbakterien so gut wie kein Methan enthalten. Könnte man Rinder nicht klimaschonender machen, indem man diese segensreiche Darmflora der Beuteltiere in ihren Verdauungstrakt verpflanzt? Und so weiterhin guten Gewissens Steaks züchten, die kaum noch Methan produzieren, solange sie am Tier wachsen?

Das klingt absurder, als es ist. In der Humanmedizin werden Stuhltransplantationen seit langer Zeit erfolgreich eingesetzt, beispielsweise bei entzündlichen Darmerkrankungen. Dabei wird der Stuhl eines gesunden Spenders in den Darm einer erkrankten Person übertragen. Sich nach dem Klogehen nicht die Hände zu waschen, bevor man anderen die Hand schüttelt, zählt allerdings noch nicht als medizinische Intervention. Ein bisschen komplizierter ist es schon.

Kaum zu vermeiden, dass jetzt Bilder in Ihren Köpfen entstehen. Wie macht man das in der Praxis? Stellen sich Spender und Empfänger mit bloßen Hintern aneinander, einer drückt an, während der andere entspannt die Sendung entgegennimmt? Nein. Nicht einmal ansatzweise. Allerdings – viel umständlicher ist es gar nicht. Schließlich hat unser Darm einen Eingang und einen Ausgang. Der Fantasie sind kaum Grenzen gesetzt, zwei Möglichkeiten werden jedoch naheliegenderweise medizinisch favorisiert. Erstens, per Einlauf. Das kennt man vielleicht als Maßnahme gegen hartnäckige Verstopfung oder vor Geburten. Die Vorstellung eines Schlauchs im Anus mögen viele allerdings trotzdem nicht. Und entscheiden sich, das ist die zweite Möglichkeit, für den Vordereingang. Entweder in Form von stuhlgefüllten Tabletten oder per Nasensonde, vorbei an den Geschmacksknospen und direkt in den Magen abgeschlaucht. Ist sicher ein bisschen Neigungssache, wie man schnabuliert. Nach Gruß aus der Küche klingt keiner der beiden Serviervorschläge. Und wird eine derartige Therapie im Krankenhaus angeboten, so bekommt die morgendliche Frage an den Patienten, ob er schon Stuhl gehabt habe, eine völlig neue Bedeutung.

In der Praxis ist die Angelegenheit deutlich weniger unappetitlich, als Sie sich das nach diesen Ausführungen vielleicht vorstellen. Man muss für einen Therapieerfolg zwar eine nennenswerte Menge Spenderstuhl in den fremden Darm transplantieren. Aber der Inhalt der kotgefüllten Tabletten zum Beispiel hat nicht etwa die Konsistenz von Gummibärchen oder cremigem Softeis, sondern besteht aus gefriergetrocknetem Kot umgeben von einer Hülle, die sich erst im Darm auflöst. Ein kleiner Lifehack sei trotzdem angebracht: mit etwas Wasser einfach runterschlucken und nicht davor zerbeißen.

Trotz aller medizinischen Erfolge können wir uns den Transfer zwischen Rindern und Kängurus allerdings trotzdem leider sparen, denn neuere Untersuchungen haben gezeigt, dass die methanarmen Kängurus ein Mythos sind. Nicht nur Volkswagen haben gefälschte Abgaswerte. Dass sich der Irrglaube so lange gehalten hat, liegt daran, dass es nicht so einfach ist, die Methanmenge in Flatulenzen großer Tiere zu ermitteln. Es reicht nicht, sich mit einem Feuerzeug anzuschleichen und die Länge der Stichflamme zu messen. Australische Forscher haben die Tiere zu diesem Zweck in eine Art Furzkammer gesteckt. Als Mensch denkt man dabei vielleicht an einen Aufzug, in Fachkreisen heißt das Metabolischer Käfig. Den man sich dennoch so vorstellen kann wie einen Aufzug. Auf einer Seite strömt Luft ein, auf der anderen Seite wird sie wieder abgesaugt. Dazwischen sitzt das Känguru und isst und verdaut, während die Wissenschaftler sämtliche Ausdünstungen präzise analysieren können. Und das, wie gesagt, inzwischen leider mit dem Ergebnis, dass Kängurus doch vergleichbare Mengen an Methan produzieren wie etwa Pferde oder Strauße.

So bekommen wir das Problem also nicht in den Griff. Aber es existieren selbstverständlich auch andere, technische Ideen. Die Lösung lautet wie gesagt: mehr CO_2!

Man weiß, dass Methan nicht ewig in der Atmosphäre abhängt. Es hat eine geringere Dichte als Luft, steigt deshalb in die höheren Schichten der Erdatmosphäre auf, wo es nach einigen Jahren chemisch abgebaut wird. Das ist der kritische Zeitraum, bis dahin wirkt es als mächtiges Treibhausgas, das dem Klimawandel ein kurzfristiges Power-up verleiht. Deshalb schlagen Klima- und ChemieexpertInnen vor, den Abbau des Methans zu beschleunigen: mit großen, industriellen Filteranlagen – gigantischen Maschinen, die Luft ansaugen und durch Katalysatorsysteme fließen lassen, in denen Methan mit Sauerstoff zu Wasser und CO_2 reagiert.

Das klingt danach, den Teufel mit dem Beelzebub auszutreiben, und ist natürlich keine Lösung für das eigentliche Problem, aber ein Vorschlag, um Zeit zu gewinnen, indem man zumindest die Methankonzentration der Atmosphäre auf ein vorindustrielles Level runterregelt. Bei der Umwandlung würden allerdings etwa 8,2 Gigatonnen CO_2 in die Atmosphäre freigesetzt werden. Das klingt nicht nur nach einer großen Menge, sondern ist es auch. Es entspricht allerdings der Menge, die wir derzeit ohnehin innerhalb weniger Monate in die Atmosphäre blasen. Es wäre also mehr vom Schlechten und ein bisschen weniger vom noch Schlechteren – im Gegenzug für ein bisschen Zeit.

Unvernünftig sind die Überlegungen nicht, wo wir doch alles in Betracht ziehen müssen, um die Erderwärmung zu stoppen. Leider handelt es sich bei der Umwandlung von Methan in der Atmosphäre auch nur um eines von vielen theoretischen Konzepten. Kein Mensch weiß, wie man es umsetzen könnte. Vermutlich wäre es also am Ende doch wesentlich einfacher, stattdessen 1,5 Milliarden Rinder über Nacht auf den Grill zu legen.

IMMER NIE IM MEER

Einer der Gründe, warum so viel CO_2 in der Atmosphäre ist, lautet: weil es nicht woanders ist. Und das sollte man den Ozeanen dringend ins Stammbuch schreiben, die in letzter Zeit ihren Verpflichtungen nur mehr mangelhaft nachkommen. Das muss man bitte auch einmal sagen dürfen als freier Bürger, ohne gleich ins ozeanfeindliche Eck gestellt zu werden!

Denn es erwärmt sich nicht nur die Erde, sondern auch die Meere werden wärmer. Und wenn die Erde aus dem Fenster springt, dann springen die Meere nach? Der Temperaturanstieg der Ozeane ist ein erhebliches Problem. Auch wenn der Atlantik teilweise so arschkalt ist, dass man nicht baden kann, schadet das bisschen Wärme heute doch. Denn erstens handelt es sich nicht nur um ein bisschen, und zweitens ist das Meer nicht unendlich groß. Das ist zwar einerseits gut, denn sonst wäre die Welt ebenfalls unendlich groß und jede Weltreise sehr schwierig, andererseits können Ozeane zwar sehr gut Wärme und CO_2 speichern, aber eben nur begrenzt. Grundsätzlich gehören Meere sogar zu den effektivsten CO_2-Speichern der Erde: Etwa die Hälfte des CO_2, das der Mensch produziert, wird vom Meer aufgenommen. Nicht die Wälder sind also Sieger, sondern der Löwenanteil des Kohlendioxids landet tatsächlich im Wasser.

Leider verschwindet es dadurch nicht einfach oder wird umgewandelt, zum Beispiel in eines dieser unglaublich hässlichen Tiere der Tiefsee wie den Anglerfisch, sondern es ändert die chemische Zusammensetzung der Ozeane. Wenn sich CO_2 im Ozean löst, reagiert es mit Wasser und bildet

Kohlensäure, dessen Summenformel H_2CO_3 lautet. Kohlensäure ist nämlich nicht CO_2, wie man sie aus den Jugendgetränken mit Sprudel kennt; auch wenn man da umgangssprachlich nicht so genau ist, chemisch besteht ein gravierender Unterschied. Und es macht auch einen.

Der Ozean wird durch den Eintrag von CO_2 sauer, quasi Soda Zitron für alle? Nicht ganz so arg, aber arg genug, dass Tiere mit Kalkskeletten wie Korallen, Muscheln, Schnecken oder Seeigel die Fähigkeit verlieren, Skelette zu bilden. Die stellen aber die Grundlage der Nahrungskette im Ozean dar. Das allein wäre schon nicht gut. Irgendwann ist allerdings das Meer zudem einfach gesättigt und erreicht einen Punkt, an dem es fast gar kein CO_2 mehr aufnehmen kann. Wir wissen leider nicht genau, wann der erreicht ist. Aber wir wissen, dass das CO_2 in der Atmosphäre viel schneller ansteigen wird, wenn das Meer seine Kapazitätsgrenzen erreicht hat, weil es keinen Fluchtweg mehr hat.

Wer glaubt, dass die Meere nur Müdigkeit vorschützen, kann sich die Übersäuerung durch CO_2 zu Hause veranschaulichen. Man nehme einfach zwei Gläser mit Wasser. Wasser hat einen neutralen pH-Wert, es ist also weder sauer noch basisch. Dann kocht man einen Krautkopf aus und erhält einen blauen Saft. Man nimmt dazu entweder Rotkraut oder Blaukraut. Es handelt sich dabei um zwei Namen derselben Pflanze; die unterschiedliche Farbe entsteht dadurch, dass Rotkraut auf eher sauren Böden gedeiht, Blaukraut auf eher alkalischen. Und genau diesen Farbumschlag kann man nutzen, um die Übersäuerung durch CO_2 im Kleinen nachzuspielen, denn Rotkraut enthält den Farbstoff Cyanidin, der abhängig vom pH-Wert seine Farbe ins Rötliche ändert, wenn er sauer wird. Man mischt nun Wasser mit etwas Krautsaft und bläst eine Zeit lang mit einem Strohhalm Atemluft in die Flüssigkeit.

Als Erstes wird vermutlich der eigene Schädel rot. Das gehört so. Aber irgendwann schlägt auch die zuerst lichtblaue Krautsaft-Wassermischung ins Blassrötliche um. Wenn Sie davor nicht zu heftig aus-, aber nur zaghaft eingeatmet und bei Ihrem Experiment nicht das Bewusstsein verloren haben, können Sie die Farbänderung persönlich bezeugen: Ein Farbumschlag, der allein dadurch stattgefunden hat, dass Sie das bisschen CO_2, das Sie regelmäßig ausatmen, ins Wasserglas gepustet haben. So wenig hat also bereits einen Säuerungseffekt – angesichts der Unmengen CO_2, die wir Menschen insgesamt freisetzen, können Sie sich also vorstellen, wie es den Ozeanen geht. Dabei würden wir ihnen gern noch mehr CO_2 aufbürden, wogegen sie sich aber mit Händen und Füßen wehren.

INGENIEURSKUNST

Das Klima ändert sich, also müssen auch wir Menschen uns ändern.

Hört man immer wieder. Aber können wir stattdessen nicht lieber den Planeten ändern? Maßnahmen, die Erde gegen den Klimawandel aufzurüsten, fasst man unter dem Begriff Geo- oder Climate-Engineering zusammen. Grundsätzlich handelt es sich dabei um eine Reihe von Überlegungen, wie sich die Welt notfalls abkühlen ließe, bevor sie in einer feurigen Apokalypse in Flammen aufgeht. Und da müssen wir mittlerweile, wie gesagt, in fast alle Richtungen denken. Wie man in eine Richtung denkt, weiß zwar kein Mensch, aber Sie wissen, was gemeint ist. Engineering bedeutet eigentlich nur Ingenieurstechnik.

Geo-Engineering klingt zwar oft spektakulär, hat aber eine entscheidende Schwachstelle: Indem man versucht, ein Problem durch eine bestimmte technologische Maßnahme zu lösen, erschafft man in der Regel ein noch größeres. Ökosysteme sind einfach zu komplex für einfache Lösungen. Auch wenn man es gut meint, erreicht man oft das Gegenteil. Man spendet quasi für Ärzte ohne Grenzen, aber das Geld landet beim IS. Zudem sind die vorgeschlagenen Maßnahmen mitunter nicht nur unfassbar teuer, sie lenken nicht selten auch von eigentlich sinnvollen Maßnahmen ab, sind also kontraproduktiv. Wie etwa die Düngung des Meeres.

Das klingt wie das mäßige Ergebnis eines Brainstormings in einer Marketingagentur, die den Auftrag hat, den nächsten Bestseller nach der *Vermessung der Welt* oder der *Entdeckung der Langsamkeit* zu kreieren. Doch etwas mehr steckt dann doch dahinter.

Beim Ozeandüngen will man das CO_2 in der Atmosphäre reduzieren, in dem Fall, indem man das, was bereits in der Atmosphäre ist, wieder entfernt. Und zwar, indem man Autos rückwärtsfahren lässt? Nein. Es geht darum, CO_2 irgendwo sicher zu verstauen, quasi einen Tresor für Kohlendioxid zu finden, oder vielmehr ein Endlager. Dass das in Schächten und unter dem Meer nicht gut funktioniert, wissen wir schon vom Carbon-Capture-and-Storage-Konzept. Aber wie wäre es im Meer selbst?

Würde man die Meere mit Eisen und Phosphor düngen, könnte man damit das Algenwachstum fördern. Deren Zweck besteht nicht darin, Walfischen das Blasloch zu verstopfen, damit die nicht so viel CO_2 ausatmen können. Vielmehr nehmen die Algen das CO_2 mit ins Grab. Algen bestehen nämlich auch aus Kohlenstoff, und der stammt aus dem CO_2 der Luft. Wenn sie absterben, dann werden sie nicht an der Meeresoberfläche zersetzt, sondern sie sinken zum Meeresboden und bleiben dort eine Zeit lang. Dabei nehmen sie das CO_2 mit und entfernen es so aus der Atmosphäre. Je mehr Algen, desto mehr CO_2 auf dem Meeresgrund. Das ist die Theorie.

Wie so oft hat die Praxis aber leider nicht gut zugehört, als die Theorie ihre Pläne vorgetragen hat, sondern geschwätzt oder unter dem Pult vom Jausenbrot abgebissen. Denn mehr Algen bedeutet auch mehr Fische, die gerne Algen fressen – und das gebundene CO_2 gleich wieder ausatmen. Deshalb ist auch diese Form von Geo-Engineering nur gut gemeint, aber nicht gut. Denn damit die Idee funktioniert, müssten wir die Meere erst ganz leer fischen. Und erst dann düngen. Da sind wir zwar einerseits auf einem ganz guten Weg. Aber ein Meer ohne Fische wäre vermutlich wieder keine ganz saubere Lösung. Wer soll dann das ganze Plastik fressen? Sie sehen, man kann es drehen und wenden, wie man will, technische Eingriffe allein werden den Klimawandel nicht stoppen. Im Meer nicht, und im Weltraum schaut es auch nicht besser aus.

GLOBAL COOLING

Der Weltraum, unendliche Weiten. So heißt es jeweils am Beginn der TV-Serie *Raumschiff Enterprise*. Mag sein, dass der Weltraum unendlich ist, aber das nützt uns bekanntlich nicht viel, denn die endlichen Weiten, die uns unmittelbar umgeben, genauer die Lufthülle, die wir Atmosphäre nennen, speichern zu viel Wärme. Deshalb müssen zur Bekämpfung der Erderwärmung auch Maßnahmen im Luft- und Weltraum in Betracht gezogen werden. Dabei handelt es sich allerdings um ernste, wissenschaftliche Überlegungen und nicht um esoterischen Schmafu wie etwa Chemtrails, wo Flugzeuge arge Sachen versprühen, damit dann die Gedanken der Menschen gaga werden. Was ohnehin ein überflüssiges Unterfangen wäre, denn abgesehen davon, dass es Chemtrails nicht gibt, sind die Gedanken einiger Menschen offenbar auch ohne chemisches Zutun bereits gaga genug. Da bräuchte man nichts zu sprühen.

Lange bevor die globale Erwärmung ein heißes Thema wurde, war die globale Abkühlung immer wieder Gesprächsgegenstand. Die passiert schließlich hin und wieder ganz von alleine, ohne dass wir zuerst mühsam eine industrielle Revolution durchlaufen müssen, um endlich genügend Treibhausgase in die Atmosphäre blasen zu können, damit wir uns dann Gedanken machen dürfen, wie wir die Temperaturen wieder runterbekommen. Globale Abkühlung kann ganz plötzlich geschehen und dabei auch noch kostengünstig und vollkommen natürlich sein.

Ein Erfolgserlebnis aus der jüngeren Vergangenheit verdanken wir Pinatubo. Der Vulkan auf den Philippinen galt bis

1991 als erloschen. Eine Annahme, die seit seinem Ausbrechen in diesem Jahr als widerlegt gilt. Pinatubo hat alle getäuscht, sich 550 Jahre schlafend gestellt, nur um es dann, wenn niemand hinschaut, ordentlich krachen zu lassen. Fairerweise muss man sagen, dass der Vulkan seinen Ausbruch mit Dampf und Erdbeben angekündigt hatte. Die Beben wurden immer häufiger, er blähte sich mehr und mehr auf, bis es schließlich krachte und Asche bis in eine Höhe von 34 Kilometern geschleudert wurde. Aber nicht nur Asche, sondern auch Schwefeldioxid wurde in die Stratosphäre befördert.

Die Stratosphäre kennen manche vielleicht noch als den Teil der Lufthülle, aus dem Österreicher herunterspringen, wenn sie sich ganz besonders wichtigmachen wollen. Wenn allerdings große Mengen an Asche und Schwefeldioxid dort landen, passiert in der Stratosphäre tatsächlich etwas von Bedeutung. Es bildet sich ein Nebel aus Schwefelsäuretropfen, der sich in der Atmosphäre verteilen und sich als Dunstschleier rund um den gesamten Erdball legen kann. Eine weltumspannende Schicht aus Schwefelsäurenebel gilt allerdings nicht unbedingt als globale Wellnessbehandlung. Weder für die Natur, die mit dem sauren Regen zurechtkommen muss, noch für die Ozonschicht, deren fast gleichnamiges Loch dadurch wieder eine Nummer größer gestanzt würde. Was es für zukünftige Österreicher vielleicht einfacher macht, beim Sprung aus der Stratosphäre durch das Ozonloch zu hüpfen, ohne sich an den Rändern die Knie anzuhauen.

Durch die Injektion von insgesamt 17 Millionen Tonnen Schwefeldioxid in die Stratosphäre konnte deutlich weniger Sonnenlicht die Erdoberfläche erreichen, und die Temperatur sank weltweit in den drei Folgejahren um rund 0,5 Grad Celsius. In Anbetracht des Klimawandels wären das eigentlich gute Nachrichten, der Dunstschleier hatte die Erde abgekühlt. Abkühlen kann die Erde also von alleine ganz gut, nur bei der Erwärmung haben wir mithelfen müssen. Und Pinatubo war übrigens kein Einzelfall. Im Laufe der Geschichte sorgten gewaltige Vulkanausbrüche immer wieder mal für Global Cooling. Als Tambora, ein Vulkan auf einer indonesischen Insel, 1815 ausbrach, bescherte er dem darauffolgenden Jahr die Bezeichnung »Jahr ohne Sommer«, in Deutschland auch bekannt unter dem Spitznamen »Achtzehnhundertunderfroren«. In Europa gab es Frost im Juli, und die Ernteverluste waren so groß, dass es zu Auswanderungswellen aus Europa in wärmere Regionen kam.

Und es blieb kalt, die Durchschnittstemperatur wurde über mehrere Jahre hinweg gesenkt. Man spricht in so einem Fall von einem vulkanischen Winter. Klingt nach Après-Ski am Heimatplaneten von Mister Spock, beschreibt aber die Abkühlung der unteren Erdatmosphäre durch einen Vulkanausbruch. Aber könnte das, was in der Vergangenheit zu solchen Problemen geführt hat, dass viele Menschen verzweifelt versucht haben auf einem anderen Teil der Welt ein neues Leben zu beginnen, dem Klima aus heutiger Sicht vielleicht guttun? Wo doch durch die Erderwärmung vielen Menschen ebenfalls in naher Zukunft droht, sich auf anderen Teilen der Welt ein neues Leben zu suchen?

Da die Erde faul geworden ist, müssen wir uns um die Abkühlung nun doch selbst kümmern. Sofern es uns gelingt, Vulkanausbrüche gezielt herbeizuführen und sie dann auch noch so säuberlich geplant stattfinden zu lassen, dass nicht gleich ein Jahr ohne Sommer dabei rauskommt, lautet die Antwort: ja. Bleibt nur die Frage zu klären, ob wir prinzipiell überhaupt dazu in der Lage wären. Einen Vulkan zum Ausbrechen zu bewegen, ist nämlich gar nicht so einfach. Vulkane haben keinen On-and-off-Schalter. Kitzeln wird wohl nicht ausreichen. Oder dass sich alle sieben Milliarden Menschen rundherum aufstellen und auf Kommando gleichzeitig hochspringen, damit durch die kollektive Landung die Lava aus dem Schlot gepresst wird wie die Luft aus einem Furzkissen.

Aber vielleicht gelingt es mit Atombomben. Könnten wir unser gut gefülltes Arsenal an nuklearen Sprengköpfen nutzen, um Vulkane zwecks globaler Abkühlung zum Ausbruch zu bringen? So, wie man Mentos in eine Colaflasche wirft, nur dass man in diesem Fall nicht die Zimmerdecke versaut, sondern das Klima rettet?

Durch ein einfaches Draufschmeißen wird man nicht viel erreichen. Auf diese Art ließe sich vielleicht der oberste Zipfel eines zugespitzten Schichtvulkans kosmetisch flach bügeln, aber damit ist weder dem Klima geholfen noch dem Vulkan. Die meiste Energie würde in die Luft abgegeben werden, während die Magmakammer des Vulkans von der Druckwelle kaum etwas mitbekommt. Das wäre eindeutig ein Fall für die Gewährleistung, falls der Vulkan die Sprengung bestellt hätte. Selbst gewaltige Erschütterungen bringen einen Vulkan nämlich nicht gleich zur Explosion. Das weiß man, weil Vulkane schon einiges weggesteckt haben, ohne deshalb gleich mit Lava zu gurgeln. Die gewaltigste jemals gezündete Atomwaffe war die sowjetische Zar-Bombe von 1961. Ihre Sprengkraft betrug etwa 50 Megatonnen TNT-

Äquivalent, und sie war etwa 4000-Mal stärker als die Atombombe über Hiroshima. So eine Explosion möchte man nicht aus der Nähe beobachten, selbst wenn das eine gute Story für Instagram verspricht.

Aber das sind Peanuts verglichen mit den Kräften, die bei gewaltigen Erdbeben frei werden. Bis zu 2000 Megatonnen TNT-Äquivalent können dabei erreicht werden. Aber was kostet das die meisten Vulkane? Ein müdes Lächeln. Denn würden solche Erschütterungen für einen Ausbruch ausreichen, sollten nach jedem ordentlichen Erdbeben ein paar Vulkane losfeuern. Einen solchen direkten Zusammenhang findet man aber nicht. Es ist bis heute umstritten, ob Erdbeben überhaupt in der Lage sind, Vulkanausbrüche auszulösen. Wenn überhaupt, dann findet man in den Jahren nach einem Beben eine leicht erhöhte Chance, dass ein Vulkan irgendwann einmal loslegt. Aber auch nur, wenn es ihm passt, und eher dann, wenn er ohnehin schon kurz vor dem Platzen stand. Planmäßiges Ausbrechenlassen schaut anders aus.

Um zumindest den Hauch einer Chance zu haben, müsste man die gesamte Energie einer ordentlichen Atombombe ins Herz des Vulkans befördern – die Magmakammer. Sie befindet sich in einem bis zehn Kilometer Tiefe. Die Energie der Zar-Bombe könnte einen Teil des Magmas verdampfen und einen gewaltigen Überdruck erzeugen, für den es eigentlich nur einen Fluchtweg gibt: oben raus. Die praktische Umsetzung würde allerdings daran scheitern, dass man mit einer Bombe nicht einfach in die Magmakammer eines Vulkans hineinspazieren kann, um sie richtig zu platzieren. Selbst wenn es gelingen sollte, würde sie wegen all der Hitze nicht einfach explodieren wie ein Feuerwerkskörper, den man in ein Lagerfeuer schmeißt. Um eine Kernspaltungs-Kettenreaktion einzuleiten, müssen viele Schritte präzise getimt ablaufen und die Bombe bis zur Zündung funktionsfähig bleiben. In einer Magmakammer würde die Bombe aber binnen kürzester Zeit ganz unspektakulär dahinschmelzen – inklusive Hülle, radioaktivem Kern und allem, was dazugehört. Wollte man eine Bombe sicher entschärfen, müsste man sie nur sanft ins Herz eines Vulkans legen.

Klimaregulation mithilfe von Vulkanen, durch Atombomben zum Ausbruch gebracht, ist also komplizierter, als es klingt. Deshalb wird dieses Szenario auch nicht in den IPCC-Berichten durchgespielt. Denn selbst wenn es irgendwie gelingen würde, man bekäme, wie beim Geo-Engineering systemimmanent, deutlich mehr Probleme, als man löst. In dem Fall müsste man sich nicht bloß mit heißer Lava und Schwefelsäure-Aschewolken herumschlagen, sondern hätte zusätzlich radioaktive Lava und radioaktive Schwefelsäure-Aschewolken am Hals. Im Vergleich dazu müssten selbst in den Ohren leidenschaftlicher Klimaskeptiker die strengsten aller denkbaren Klimaschutzabkommen nach einem hervorragenden Deal klingen.

NUKE MARS

Konzepte, Planeten mit Atombomben lebenswerter zu machen, existieren nicht nur für die Erde. Elon Musk, Unternehmer und vermutlich bekanntester Marsliebhaber der Welt, möchte gern, dass der Rote Planet bald bewohnbar wird. Weil Terraforming aber in der Regel ein paar 100 000 Jahre dauert und er seine Zeit auch nicht gestohlen hat, soll die Umwidmung des Mars in Bauland mit thermonuklearen Bomben beschleunigt werden. Musk möchte das Eis der ortsansässigen Polkappen mit Kernwaffen verdampfen lassen und so dem Planeten die Atmosphäre verschaffen, die ihm zur Traumdestination noch fehlt.

Wie kommt man auf so eine Idee? Warum sollte es möglich sein, mithilfe von Atombomben, deren Seinszweck eigentlich die nachhaltige Verwüstung von Gegend ist, plötzlich für blühende Landschaften zu sorgen? Das ist in diesem Fall einmal nicht so absurd, wie es klingt. Die Polkappen des Mars bestehen aus Wassereis und Trockeneis. Also gefrorenem Kohlendioxid aka CO_2. Ungefrorenes CO_2 kann bekanntlich hervorragend bei der Erwärmung des Planeten helfen. Bei uns auf der Erde wollen wir das nicht mehr, auf dem Mars aber schon. Kernwaffen gibt es auf der Erde mehr als genug, und es wäre eigentlich kein Schaden, würden sie irgendwo aufgebraucht und nicht mehr nachgebaut. Also – wenn man damit schon keinen Vulkan anstarten kann, warum nicht versuchen, den Mars zu verschönern und gleichzeitig die Erde sicherer zu machen? Win-win.

Leider klang es also zwar auf den ersten Blick nicht so absurd, aber auf alle anderen Blicke eigentlich gar nicht so gut.

Denn abgesehen davon, dass es eher keine brillante Idee ist, einem Milliardär, der etwa Schutzmaßnahmen rund ums Coronavirus für Faschismus hält, eine Unmenge Kernwaffen in die Hand zu drücken, die noch dazu von der Allgemeinheit finanziert worden sind, nur weil er angeblich was Sinnvolles damit vorhat – es würde auch nichts nutzen, selbst wenn es ihm tatsächlich gelänge, die vielen Bomben zum Mars zu schaffen. Denn zum einen bräuchte man viel mehr Kernwaffen, als wir auf der Erde zur Verfügung haben (und das ist wirklich eine Menge), um das Eis der Marspole gasförmig werden zu lassen. Und kein Mensch kann darüber hinaus sagen, was das für den Mars bedeuten würde, ließe man ein paar 100 000 Sprengköpfe über seinem Kopf explodieren. Abgesehen davon, dass das ganze Vorhaben eine Lawine kostet, wie man auf Wienerisch sagt. Und kosten soll Wohnbau ja immer nicht so viel. Und am Mars gibt es noch dazu niemanden, den man schmieren könnte, damit es ein bisschen billiger wird.

Zum anderen würde das nachbarplanetarische Flächenbombardement gar nichts bringen. Denn um dem Mars zu einer stabilen Atmosphäre zu verhelfen, bräuchte man wesentlich mehr CO_2, als auf dem Mars einigermaßen sinnvoll zugänglich ist. Zumindest mit unseren derzeitigen technischen Möglichkeiten. Das haben die beiden Physiker Bruce M. Jakosky und Christopher S. Edwards berechnet und in der Zeitschrift *Nature* im Jahr 2018 veröffentlicht. Als Elon Musk im Sommer 2019 die thermonukleare Beamtshandlung des Mars abermals vorschlug, hätte er also wissen können, dass seine Bombenidee zumindest wissenschaftlich eher ein Schuss in den Ofen wäre. Als PR-Gag hat sie tadellos gezündet.

Die Urbarmachung des Mars liegt also noch in weiter Ferne. Er wäre zwar einigermaßen in Flugweite, kommt aber als Planet B ebenso wenig infrage wie alle anderen Himmelskörper, die wir kennen. Aber selbst, wenn es gelingen sollte, unseren Nachbarplaneten schlüsselfertig zu bekommen, auf die Einladung zur House-Warming-Party sollte man sicherheitshalber lieber schreiben: Dresscode casual, no weapons. Man weiß ja nie, wer kommt und welche Gastgeschenke er dabeihat.

Landschaftsplanung durch Flächenbrände ist zudem allgemein keine besonders subtile Form der Umweltgestaltung. Auch wenn die Nutzbarmachung von Feuer für uns Menschen evolutionär ein Meilenstein war, wenn es auf der Erde richtig brennt, ist das selten ein Gewinn. Und es brennt nicht nur dauernd irgendwo, sondern zunehmend mehr.

AUF DIE PLÄTZE, FEUER, LOS!

Austria und Australia zu verwechseln, gilt als häufiger Irrtum in der englischsprachigen Welt. Als Ende 2019, Anfang 2020 wochenlang Waldbrände in Australien tobten, war die Unterscheidung allerdings einfach. Mehr als 126 000 Quadratkilometer sind dabei verbrannt, eine Fläche eineinhalb Mal so groß wie Österreich. Das wäre auf den ersten Blick aufgefallen.

Schnell war die Rede von einem Jahrhundertfeuer. Nur, war das wirklich ein so außergewöhnliches Ereignis oder war die Öffentlichkeit lediglich sensibilisiert, nachdem der

Klimawandel auch durch Bewegungen wie Fridays for Future ein derartiger Popstar geworden ist, dass mittlerweile sogar Wahlen dadurch entschieden werden? Aus genau diesem Grund waren die Bilder vom brennenden Australien heuer weltweit ein Geschäft. Aber dort brennt es ja jedes Jahr. Darauf deutet schon der Begriff Waldbrandsaison hin. Das kommt jährlich. Und einmal schlimmer, einmal weniger schlimm. In unseren Breiten gibt es eine Lawinensaison. Oder die Grippewelle. Das ist ganz normal. Waldbrände haben ökologisch auch eine Aufgabe in Australien, das bestätigen Expertinnen und Experten gern. Angekokelte Koalas sind allerdings leider gut für die Einschaltquote. Die Medien treiben eben jede Woche eine andere Sau durchs Dorf, so läuft das Geschäft. Gleich danach war Corona das große Thema und die Waldbrände haben sofort niemanden mehr interessiert. Nicht, dass ich die Auswirkungen kleinreden will, natürlich heizt niemand gern mit Kängurus, aber diese Saison war eben eine schlechte Saison. Und wenn es kommende Saison wieder weniger spektakulär ist, dann spricht niemand davon. Also, Fake News!!!

Ich weiß, das war jetzt viel auf einmal, aber wenn Sie sich beklagen, dann kann ich auch anders.

Also, eines nach dem andern. Und zuerst die einfachen Sachen. Normal an einer Grippewelle zum Beispiel ist nur, dass sich weltweit sehr wenige Menschen impfen lassen, obwohl es jedes Jahr einen neuen Impfstoff gibt, der unterschiedlich gut, aber jedenfalls vor der Erkrankung schützt. Würden sich alle Menschen regelmäßig impfen lassen, gäbe es keine Grippewellen mehr.

Was die Waldbrände betrifft, so reiht sich die Behauptung, dass es in der Saison 2019/20 einfach nur ein bisschen ärger im Rahmen der normalen Gegebenheiten war, fast schon ein in die Suada von Klimawandelleugnern und Verschwörungstheoretikerinnen, die im Wesentlichen immer dasselbe behaupten, je nach Anlass aber ein bisschen adaptiert. Im Fall der verheerenden Waldbrände klang das so: Die australische Regierung hat die Feuer absichtlich gelegt, damit eine küstennahe Bahnstrecke gebaut werden könne. Hier wurde einfach warm abgetragen, um die Infrastruktur zu modernisieren. Wahlweise galten auch Ökoterroristen als Brandstifter, die ihrem Kampf gegen den Klimawandel besonders drastische Bilder und damit mehr Aufmerksamkeit verschaffen wollten. Selbst der IS hat diesmal ausnahmsweise Australien mit Feuer den Krieg erklärt.

Was lässt sich dazu sagen?

Die kurze Antwort lautet: Es handelt sich dabei um teilweise gemeingefährlichen Unsinn. Wer so was sagt, will sich in der Regel nicht mit den Ursachen des Klimawandels auseinandersetzen, derartige Aussagen kann man getrost einreihen in die Bewegung gegen die vermeintliche Zöpferldiktatur.

Die lange Antwort ist länger.

Tatsächlich brennt es in Australien seit Jahrhunderten immer wieder. Und die Art und Weise, wie die Wälder in den letzten Jahrzehnten bewirtschaftet worden sind, hat die Situation unabsichtlich verschärft. Das liegt zum einen daran, dass Rodungen erstaunlicherweise dazu beitragen, dass Brände leichter ausbrechen und ärger wüten können. Das klingt zwar unlogisch, dass weniger brennbares Material, also weniger Bäume, zu stärkeren Bränden führt, liegt aber daran, dass man ja hauptsächlich die Bäume fällt und abtransportiert, aber das leicht entflammbare Material, das dabei anfällt und ohnedies am Waldboden herumliegt, liegen lässt. Pro Hektar kann das bis zu 450 Tonnen ausmachen. Dann brennt es schneller einmal und üppiger. Zusätzlich hat die Abholzung sogenannter Feuchtwälder die Lage noch verschärft. Dass es in Australien seit Jahrhunderten, ja sogar Jahrtausenden immer wieder ganz natürliche Waldbrände gegeben hat, stimmt, aber die Brände haben deutlich zugenommen. Dort, wo es Anfang 2020 so verheerend gebrannt hat, ist ein Teil des Waldes seit 1995 jedes Jahr in Flammen gestanden. Ökologisch sinnvoll wäre ein Feuer im Schnitt lediglich alle 50 bis 150 Jahre. Regelmäßig und regelmäßig sind also nicht immer dasselbe. Denn wenn es jährlich brennt, können sich die Wälder zwischen den Bränden nicht mehr so leicht erholen.

Das gilt nicht nur für Australien, wo die letzte Waldbrandsaison die des Vorjahres, die bis dahin als eine der ärgsten gegolten hatte, um Längen geschlagen hat. Landschaftsbrände gibt es global in großem Ausmaß und vermehrt. Weltweit gesehen brennt jährlich eine Fläche etwa so groß wie Europa. Davon merken wir deshalb meistens nichts, weil es dort brennt, wo keine Kamera hinschaut. Das meiste davon ist Savanne, Steppe, Tundra. Wir merken es nur dann so richtig, wenn der Wald dort brennt, wo Menschen wohnen, wie eben in Australien.

Die Klimakrise verschärft die Lage. Je mehr Treibhausgase wie CO_2 in die Atmosphäre gelangen, desto schlimmer. Die hohen Temperaturen lassen die Vegetation schneller austrocknen. Es gibt immer längere Hitzeperioden, der Regen bleibt aus und es kann viel leichter ein Brand ausbrechen. Bei entsprechenden Windstärken ist das Feuer kaum noch aufzuhalten. Seit den 1970er-Jahren hat die Länge der Phasen, in denen die Waldbrandgefahr besonders kritisch ist, um 20 % zugenommen. Die extrem kritischen Phasen sogar um mehr als 100 %.

Und wenn Wälder einmal verbrannt sind, können sie nicht nur für längere Zeit kein CO_2 mehr speichern, sondern der Brand hat auch selbst jede Menge neues CO_2 in die Atmosphäre entlassen, was die Klimakrise nur verschärft. Und das war's noch gar nicht. Denn Klimawandel heißt nicht nur, dass alles wärmer wird. Wenn wir die Atmosphäre erwärmen, bedeutet das nichts anderes, als dass wir sehr viel mehr Energie in die Atmosphäre stecken als vorher. Und mehr Energie macht die Dinge komplizierter und gefährlicher. Das kennen Sie von Ihrer eigenen Fortbewegung. Wenn sie nur langsam vor sich hin spazieren und stolpern, können Sie sich meistens leicht wieder fangen und fallen nicht hin. Wenn Sie schnell laufen und eine Unebenheit übersehen, dann wird es schon deutlich heikler. Und mit noch mehr Energie und 200 Stundenkilometer auf der Autobahn reicht dann eine winzige Unaufmerksamkeit und die ganze Energie wird auf einmal frei. Mit entsprechenden Folgen.

Klimawandel heißt eben auch, dass alles sehr viel dramatischer, chaotischer wird, unvorhersehbarer und gefährlicher. Bis zu einem Kipppunkt. Was danach passiert, kann man nicht ganz genau sagen. Außer dass es schnell viel schlimmer wird. Ähnlich einer Wippe am Kinderspielplatz. Lange geht es friedlich auf und ab, aber plötzlich hat eines der Kinder keine Lust mehr, steht auf und läuft weg, während das andere Kind gerade oben steht. Dann geht es bergab, und wie es ausgeht, weiß man erst dann, wenn man unten ist. Oder, wenn Sie ein volkstümlicheres Beispiel aus der Welt der Gastwirtschaft bevorzugen, die vielen Menschen deutlich näher ist als Kinderspielplätze, dann stellen Sie sich vor, Sie haben den ganzen Abend zügig und erfolgreich Bier in sich hineinverfügt. Allmählich werden Sie betrunken, es wird Ihnen heißer, der Zungenschlag schwerer, die Koordination mühsamer, aber angesichts der beträchtlichen Alkoholmenge halten Sie sich noch erstaunlich gut. Zur Sperrstunde müssen Sie dann leider aufstehen und an die frische Luft. Und mit einem Schlag machen Sie Bekanntschaft mit dem Kapitalrausch, den Sie den ganzen Abend gedüngt haben. Und können kaum noch stehen.

Übrigens ist nicht die frische Luft der Übeltäter. Das wird gerne behauptet, ist aber falsch. Durch die Bewegung nach dem langen Sitzen verteilt sich der Alkohol im ganzen Körper, während Sie gleichzeitig motorisch stärker gefordert sind, und kommt dadurch besser zur Geltung. Das weiß man schon lange, aber beliebte folkloristische Mythen halten sich länger. Wie der, dass eine weggeworfene Glasflasche einen Waldbrand auslösen kann. Stimmt auch nicht, weiß man aber erst kürzer.

Wenn es reichen würde, einfach irgendein beliebiges Stück Glas in die Gegend zu werfen, um mithilfe des Sonnenlichts einen Brand auszulösen, dann wäre die Welt schon längst komplett in Flammen aufgegangen. Damit so was wie ein Waldboden brennt, braucht es Temperaturen von mehr als 300 Grad. Die kommen nicht leicht zustande. Da müssen Sie das Sonnenlicht schon auf die richtige Weise bündeln.

Die Linsen eines großen Teleskops würden weiterhelfen, aber die haben die meisten nicht mit im Wald. Und wenn, dann werfen Sie sie auch nicht einfach in die Landschaft. Eine Glasflasche oder nur ein Teil davon, eine Scherbe, kann das nicht. Selbst unter optimalen Bedingungen – bei Kaiserwetter und mit sehr sauberem Glas, das man so über dem Waldboden platziert, dass es das Licht optimal bündelt (es müsste also schweben, noch dazu ausdauernd, was Glasscherben weder im Wald gern tun noch sonst wo) – tut sich nichts. Auch wenn man stundenlang wartet, wird es höchstens ein bisschen warm. Aber keine Entzündung.

Das bedeutet natürlich nicht, dass Sie Flaschen, die Sie auf einem Waldspaziergang ausgetrunken haben, einfach liegen lassen sollten. Seien Sie einfach nett zum Wald und freuen sich, dass er nicht abgebrannt ist und der Borkenkäfer ihn stehen gelassen hat. Sie müssen es nicht übertreiben und die Bäume umarmen. Oder vom Waldbaden fantasieren. Da haben wir Glück, dass uns die Bäume das nicht übel nehmen und aus Protest gegen solche Albernheiten die Fotosynthese und somit ihre Arbeit als CO_2-Speicher einstellen. Wobei ihr Beitrag da wichtig ist, aber auch ein wenig überschätzt wird. Der große CO_2-Speicher der Erde sind, wie oben schon gesagt, die Meere, während die Bäume im Wesentlichen das CO_2 binden, das nach ihrem Ableben auch wieder frei wird. Es ist natürlich gut, wenn es viele Wälder gibt, für Fauna und Flora, also auch für uns, aber wenn es um die Bindung von Kohlendioxid geht, gibt es wesentlich größere Könner. Nur die will leider kaum wer umarmen.

GIMME MOOR

Wenn Sie im Garten arbeiten und dafür herkömmliche Gartenerde im Baumarkt oder Gartencenter gekauft haben, dann enthält sie wahrscheinlich Torf. Das ist einerseits gut, weil Sie dadurch die Fertigkeiten Ihres grünen Daumens pimpen können, andererseits schlecht, weil Torf aus Mooren gewonnen wird. Im Vergleich zu Wäldern, die rund 30 % der Landmasse auf der Erde ausmachen, nimmt sich der Anteil der Moore mit 3 % vergleichsweise klein aus. Aber diese 3 % sind in der Lage, genauso viel CO_2 zu binden wie alle Wälder der Erde gemeinsam. Leider sind Moore nicht so große Publikumslieblinge wie Bäume. Moore will kaum wer umarmen, es gibt keine Bestseller über das geheime Leben der Moore, und in Mooren baden will schon gar niemand. Da geht man unter, fürchten viele, und wird Moorleiche. So stellen sich die meisten ihren letzten Karriereschritt nicht vor.

Deshalb haben wir Menschen weniger Bedenken, Moore auszubeuten. Mittlerweile hat sich die Situation gebessert, viele Moore stehen unter Schutz, und das Bewusstsein, im Garten Erde ohne Torf zu verarbeiten, steigt. Das Problem liegt aber leider ganz woanders. Moore sind sehr nass und stehen auch dazu, das ist bei uns Menschen lange schlecht angekommen, und wir haben sie systematisch trockengelegt. Deshalb erkennt man die meisten Ex-Moore heute äußerlich nicht mehr. Aus ihnen sind hauptsächlich Weiden, Äcker, Wiesen und ironischerweise sogar Wälder geworden. Einerseits aus gutem Grund, denn auf trockenem, festem Untergrund ist Landwirtschaft wesentlich einfacher und ertragreicher zu betreiben. Und das ist für uns unumgänglich geworden, denn wie alle Lebewesen müssen auch wir Menschen Energie zu uns nehmen, was erfahrungsgemäß besonders gut über Nahrungsaufnahme gelingt. Da sind weltweite Studien, besser bekannt als Mittagessen oder Nachtmahl, eindeutig.

Aber diese Nahrung muss natürlich irgendwie hergestellt werden. Nachdem zunehmend mehr Menschen auf der Erde leben und an einem zufriedenstellenden Stoffwechsel interessiert sind, muss auch sehr viel Essen produziert werden. Wobei, es sind gar nicht zunehmend mehr Menschen, eigentlich schon lange nicht mehr, dazu kommen wir später noch, aber es sind sehr viele. Das schon. Und die wollen alle irgendwo wohnen, heizen, wenn es kalt ist, kochen, wenn sie hungrig sind, und sich frei in der Welt bewegen. All das braucht Energie, die irgendwo herkommen muss, und ein Teil davon wird in der Landwirtschaft erzeugt. Leider hören Moore nicht ganz auf, Moore zu sein, nur weil man es ihnen nicht mehr ansieht. Also, sie sind nicht mehr feucht oder nass, wenn man sie trockengelegt hat, aber damit beginnt das Malheur erst.

Aufgrund der Art und Weise, wie Moore entstehen, binden sie Unmengen von Kohlenstoff. Und das kommt daher, dass sie aus sehr viel Wasser bestehen. Mehr oder weniger stehendem Wasser, aber nicht ohne Zufluss, über Flurhöhe, aber nicht zu tief, sonst nennt man es See. Und in den Mooren gibt es Pflanzen, die sterben im Laufe der Zeit und setzen sich auf dem Grund des Moores ab. Weil Moore nass sind, vertrocknet das Grünzeug nicht und wird verweht oder verrottet flott wie an der frischen Luft. Weil unter Wasser nur sehr wenig Sauerstoff Dienst versieht, verrottet es nur sehr langsam. Damit Sie eine Vorstellung bekommen, wie langsam dieser Prozess verläuft: Die abgestorbenen Pflanzen geben ihre Nährstoffe so zögerlich wieder in die Natur zurück, dass Pflanzen, die in den Mooren leben, teilweise auf Fleisch umgestellt haben und Insekten fressen, um keine Mangelerscheinungen zu bekommen. Und die Pflanzen verrotten zudem nicht vollständig, sondern werden zu: Torf.

Der enorme Vorteil dabei für uns Menschen und die ganze Welt: Sie nehmen das CO_2, das sie während ihres Pflanzenlebens über Wasser gebunden haben, mit in ihr nasses Grab. Als Grabbeigabe. Und dort bleibt es auch, eingebettet in Torf. Moore wachsen sehr langsam, etwa einen Millimeter pro Jahr. Das bedeutet, ausgewachsene Moore sind teilweise sehr alt. Und haben sehr viel CO_2 gebunden. Und nun kommen wir, quasi als Grabräuber. Nach einer Schätzung haben wir Menschen etwa 15 % aller Moore bislang trockengelegt, also rund 0,4 % der gesamten Landmasse der Erde, was aber zu 5 % des menschengemachten Anteils an Treibhausgasen in der Atmosphäre beiträgt. Das entspricht etwa dem, was der globale Flugverkehr auf seinem Deckel stehen hat. Denn, und jetzt kommt's: Moore können zwar so trockengelegt werden, dass man ihnen das Moor nicht mehr ansieht, aber auch als Weide emittieren sie noch jahrelang, manchmal Jahrzehnte das CO_2, das in ihnen einst gebunden war.

Sobald sie nicht mehr nass sind, legen sie los, lassen Sauerstoff und Mikroorganismen zuschlagen, und zwar so lange, bis das, was einmal ein Moor war, ganz verschwunden ist. Dann hört die CO_2-Abgabe auf, aber eben nur, weil alles CO_2 in die Atmosphäre abgegeben worden ist. Jeder Hektar

Ex-Moor entlässt jährlich so viel CO_2, wie man auf knapp 150 000 Kilometer Fahrtstrecke mit einem Pkw produzieren würde. Da könnte man ganz schön viel Champagner köpfen für. Wenn wir also nicht wollen, dass das viele CO_2, das heute noch in den Wiesen und Äckern schlummert, die einmal als Moore angefangen haben, auch noch zur Klimaerwärmung beiträgt, dann müssen wir erstens aufhören, Moore zu zerstören, indem wir sie trockenlegen, und zweitens sie umgekehrt wieder vernässen, wie das genannt wird.

Das klingt nach einem Plan, ist aber mal wieder viel schwerer umzusetzen, als man sich das vorstellt. Denn die Sache hat gleich zwei Haken. Zum einen brauchen wir die gewonnene Agrarfläche nach wie vor, die haben wir den Mooren ja nicht deshalb abgetrotzt, weil das Fernsehprogramm so schlecht war und wir aus Langeweile irgendwas anderes machen wollten, und warum dann nicht Moore trockenlegen, sind wir wenigstens an der frischen Luft. Und zum anderen ist es keineswegs sicher, dass die Rehabilitation der Moore gelingt, selbst wenn wir das wirklich wollen. Denn ein Ökosystem zu zerstören, das Jahrtausende gebraucht hat für seine Entstehung, ist ein Kinderspiel im Vergleich zu seiner Wiederherstellung. Und das Gemeine: Moore sind auch dann keine Kohlenstoffsenken. Das bedeutet, wenn wir die Moore wieder nass machen, dann kommt zwar viel weniger CO_2 aus ihnen raus, aber deshalb nehmen sie nicht mehr davon auf. Der Klimawandel wird dadurch also nicht weniger. Sondern nur nicht mehr.

Und funktionierende Moore setzen zudem im Gegenzug stattliche Mengen Methan frei, was sich mit der Menge an einbehaltenem CO_2 so circa die Waage hält. Methan also, das ja später, nach seiner Sturm- und Drangphase, bekanntlich auch wieder zu CO_2 wird. Moore sind also keine Klimaaltruisten, die für uns die Klimawende besorgen, sondern lediglich einigermaßen klimaneutral. Nur wenn man ihnen zusetzt, dann zeigen sie, dass sie auch anders können.

Heute kennen viele Menschen Moore in erster Linie als Moor- oder Fangopackung in der Wellness-Therme. Die Behandlung von Menschen mit Moor gibt es aber schon viel länger, Voraussetzung für eine erfolgreiche Zusammenarbeit war allerdings das vorherige Ableben, denn als Moorleiche reüssiert haben in erster Linie Tote. Und nicht solche, die sich das Moor geholt hat.

Entgegen der landläufigen Meinung ist es physikalisch eher unwahrscheinlich, wenn nicht sogar unmöglich, in einem Moor zu versinken. Einsinken, das geht ganz gut, vor allem an den Stellen, die man Schwingrasen nennt. Dort ist die Pflanzendecke über dem Wasser noch nicht sehr tragfähig, kann brechen, und dann steht der Fast-Ganzkörper-Moortaufe nichts mehr im Weg. Aber nur bis zu einem gewissen Punkt, dann kommt einem der Auftrieb entgegen und stoppt die Tauchfahrt. Was das Versinken in Mooren also gefährlich macht oder vielmehr früher gefährlich gemacht hat, als die Menschen noch kein Smartphone eingesteckt hatten und Hilfe rufen konnten, war das kalte Wasser. Moore sind keine Strandbäder, mit viel mehr als zwischen sieben und zehn Grad braucht man nicht zu rechnen.

Gemeinsam mit der Erschöpfung, die sich einstellt, wenn man sich verzweifelt aus der Umklammerung des Moores zu lösen versucht, kann die Unterkühlung den Weg zum Lebensende ebnen helfen. Oder man verdurstet, weil einen niemand gesucht oder gefunden hat. Lifehack: Dass man angeblich heute immer und überall erreichbar oder online sein muss, kann im Fall des Versinkens im Moor als Zusatzfeature helfen. Einfach auf Facebook den Beziehungsstatus ändern auf »in einer eingetragenen Lebenspartnerschaft«. Falls Sie noch auf Facebook sind. Auf Tik Tok einfach ein bisschen warten. Ihre verzweifelten Verrenkungen beim Versuch, die Beine wieder an die Oberfläche zu bekommen, werden ohne Weiteres als neuer Tanz durchgehen.

Dass das Versinken im Moor physikalisch nicht gelingt, hilft beim Überleben allerdings nur dann, wenn Sie nicht kopfüber eintauchen. Sonst besetzen Sie die Planstelle als Moorleiche natürlich rascher (und können gleich in Ihrem neuen Job aufgehen). Wobei Unfälle seit jeher eher die Ausnahme gewesen zu sein scheinen am Beginn einer solchen Laufbahn. Auch früher war es eher üblich, fertige Leichen in Mooren zu deponieren. Und weil auch wir Menschen zu bedeutenden Teilen aus Kohlenstoff bestehen, kann ein Moor einen bemerkenswerten Anti-Aging-Prozess anbieten. Zumindest für Verstorbene.

DIE CHEMIE DER MOORLEICHE

Heute werden Moorleichen kaum noch gefunden, weil der Torfabbau maschinell stattfindet. Das heißt nicht, dass es keine Moorleichen mehr zu entdecken gäbe, sondern sie werden oft einfach unbemerkt mitverarbeitet. Wie wird man Moorleiche, was kann das Moor, das normale Erde nicht beherrscht? Hauptverantwortlich sind die sogenannten Torf-moose, eine interessante Art von wechselfeuchten Pflanzen, die nur bei hoher Umgebungsfeuchtigkeit wachsen und bei Trockenheit kein Wasser zurückhalten können.

Diese Torfmoose sind nun besonders gut angepasst an die feuchte Umgebung und wachsen unentwegt nach oben, während die unteren Pflanzenteile schrittweise aus Sauer-stoffmangel unvollständig zu Torf zersetzt werden. Da sie kleinste kationische Nahrungsspuren wie Natrium- und Ka-lium-Ionen aufnehmen können, unter gleichzeitiger Abgabe von Wasserstoff-Ionen, sorgen sie für eine starke Versäue-rung des Moores. Damit behindern sie das Wachstum etwai-ger Konkurrenten. Die Attitude der Torfmoose stößt ihren Mitbewerbern echt sauer auf. Designierte Moorleichen pro-fitieren allerdings davon. Das saure Milieu eines Moores bei gleichzeitiger fast völliger Abwesenheit von gelöstem Sauer-stoff ist ideal für die Konservierung eines Körpers nach dem Tod. Bakterien und Pilze, deren Handwerk es ist, Leichen ab-zubauen, schlagen die Hände über dem Kopf zusammen. Sie brauchen eine pH-neutrale Umgebung! So können sie nicht arbeiten! So bleibt faktisch das gesamte organische Material einer Leiche erhalten.

Die Abwesenheit von gelöstem Sauerstoff im Moor ver-hindert zudem, dass die chemische Alterung und Zerstö-rung einsetzt. Moore sind quasi erstklassige Antioxidantien. Was Moorleichen aber fehlt, ist Rückgrat. Und alle anderen Knochen auch, denn der mineralische Anteil der Knochen besteht aus Hydroxylapatit, das Knochen erst hart werden lässt. Diesem Hartmacher setzt das saure Milieu ebenfalls zu, ähnlich wie Milchsäurebakterien in unserem Mundraum unseren Zahnschmelz bei mangelnder Pflege anknabbern. Moorleichen verlieren daher ihren Skelett-Stützapparat. Auferstehung von den Toten sähe also zumindest nicht besonders elegant aus. Die Haut hingegen wird durch Pflanzensäuren wie Humin- oder Gerbsäuren haltbar gemacht, also gegerbt wie Leder. So kann eine Moorleiche viele Jahrtausende ihre Attraktivität bewahren. Und solange kein Luftsauerstoff ins saure Grab gelangt, kann man bei Moorleichen auf gut Wienerisch von »einer schönen Leich« sprechen.

MENGENLEHRE

Einer der Gründe, warum Menschen vor Jahrtausenden Leichen im Moor begraben haben, war quasi Endlagerung. Unter anderem aus Angst, dass die Toten als Wiedergänger eine zweite Karriere starten könnten, hat man sie dort deponiert, wo man dachte, dass sie es nicht mehr allein herausschaffen. Wie so oft eine richtige Vermutung aus den falschen Gründen.

Heute fürchten sich manche weniger davor, dass Verstorbene wiederkommen, sondern vielmehr, dass Lebende ihren Platz auf dem Planeten nicht schnell genug wieder räumen könnten. Zumindest hat man den Eindruck, wenn man manche Menschen von Überbevölkerung reden hört.

Fragt man, was die Grundursache für den Klimawandel sei, bekommt man nicht selten zu hören, es gebe mittlerweile einfach zu viele Menschen auf dem Planeten. Und dass wir, sollten wir die Klimakrise bewältigen wollen, die Anzahl der Menschen dringend reduzieren müssten. Details, wer wie und wann von wo genau und auf wessen Geheiß verschwinden soll, spielen dabei keine große Rolle. Als Faustregel kann aber gelten, dass in der Regel die anderen auf dem Planeten zu viel sind und nicht man selber. Man selber weiß ja, dass es zu viele sind, ein Wissen, das aber leider den anderen fehlt. Die These einer Überbevölkerung ist insofern nicht ganz falsch, als eine Gesamtbevölkerung von etwa 100 Menschen dem Klima tatsächlich nichts anhaben könnte. Selbst 500 sollten kein Problem sein, und weil heute Superschnäppchentag ist, bekommen Sie nicht nur 1000, sondern kostenlos 1000 auf jedem Kontinent und ein Gratis-Messerset dazu! Greifen Sie zu, das Angebot gilt nur heute!

Natürlich sind wir Menschen das Hauptproblem beim Klimawandel, ohne uns gäbe es ja überhaupt keinen menschengemachten Treibhauseffekt. Da können sich die anderen Tiere anstrengen, wie sie wollen, das kriegen sie mit Lieb-Schauen oder Zwitschern oder Schnurren oder was sie sonst noch so können, niemals hin. Aber nur an der Bevölkerungszahl liegt es nicht. Schließlich übersteigt die Biomasse der Menschheit nicht die der Termiten, und mit denen kommt der Planet auch gut zurecht.

Als Menschheit haben wir über 200 000 Jahre gebraucht, um endlich die Eine-Milliarde-Marke zu knacken. Wäre eigentlich ein Grund zu feiern, schließlich sind wir mehrmals so dermaßen kurz vor dem Aussterben gestanden, dass man bei Wetten auf uns unglaubliche Quoten bekommen hätte. Doch die Partylaune ist etwas abgeflacht, als es bereits 200

Jahre später sieben Milliarden Menschen auf der Erde waren. In den letzten 100 Jahren hat sich die Weltbevölkerung sogar verdreifacht. Die achte Milliarde steht bereits auf der Tacke und läutet Sturm. Würde sich die Menschheit weiterhin mit einer ähnlichen Geschwindigkeit vermehren, hätten wir tatsächlich ein gewaltiges Problem. Es ist deshalb zumindest nachvollziehbar, dass einige Leute mit der gezielten Limitierung der Bevölkerungszahl liebäugeln. Kurioserweise zählen aber diejenigen, die an eine Ein-Kind-Politik nach dem Vorbild Chinas denken, sogar noch zu den Gemäßigteren.

Nachdem Hungersnöte und Kriege in China weitgehend überkommen waren (noch in den 1960er-Jahren sind dabei vermutlich noch zwischen 15 und 40 Millionen Menschen ums Leben gekommen), stand dem ungebremsten Bevölkerungswachstum eigentlich nichts mehr im Weg. Damit es dadurch nicht erst recht zu Hungersnöten kommen würde, war ab 1980 das Zeugen von mehr als einem Kind pro Paar weitgehend verboten. Problem gelöst, zwei Erwachsene machen ein Kind. Macht auch viel Arbeit und den Eltern viel Freude. Theoretisch.

Prinzipiell hat das sogar funktioniert, zumindest oberflächlich betrachtet. Genauer besehen aber überhaupt nicht. Denn ähnlich wie beim Geo-Engineering wurde durch eine scheinbar einfache Lösung eine Vielzahl neuer Probleme geschaffen. So viele, dass die Ein-Kind-Politik wieder deutlich gelockert wurde, als sich die teilweise grausamen Folgen abzuzeichnen begannen.

Mädchen etwa galten als weniger gut gelungener Nachwuchs, ähnlich wie es auch bei uns noch immer ein paar Gegenden gibt, wo der Begriff Mensch synonym für Mädchen steht, vermutlich weil es vor der Heirat noch nicht so viel wert bzw. seiner widmungsgemäßen Bestimmung übergeben war. Das Mensch lautet konsequenterweise der Artikel, Plural die Menscher. Zurück zu China. Dort wurden Mädchen wegen der geringeren Wertschätzung oft abgetrieben in der Hoffnung, dass der nächste Treffer ein Bub sein würde. Oder man hat sie in Waisenhäuser gesteckt. Oder Schlimmeres. Vielfach sind Buben auch entführt worden. Zu den Tragödien der Kinder und natürlich oft auch Eltern gesellte sich so noch eine Heerschar an unvermittelbaren Männern auf dem sogenannten Heiratsmarkt.

Wenn man das nicht beabsichtigt, so wie im 17. Jahrhundert der marokkanische Despot Moulay Ismail, dann ist die Freude über zu viele heiratsfähige Männer und zu wenig entsprechende Frauen klein. Ismail besitzt aus zwei Gründen ein bisschen Prominenz in der Nachwelt. Zum einen steht er als der Mann im Guinnessbuch der Rekorde, der die meisten Kinder gezeugt hat, nämlich 888. Und zum anderen trägt er wohl nicht zu Unrecht den Beinamen der Blutrünstige. 888 ist eine sogenannte Schnapszahl und vermutlich nur fürs Guinnessbuch hinlänglich genau, in der Wissenschaft geht man von den Zahlen aus, die der französische Gesandte Dominique Busnot in seinem Bericht nennt: ein Harem mit 500 Frauen und 600 Söhnen. Das hat ihn offenbar so beeindruckt, dass er sinngemäß nach Paris depeschiert hat, da gebe es einen in Nordafrika, der schnackselt wie eine Kalaschnikow auf Sperrfeuer. Also vermutlich ein wenig sachlicher und natürlich auf Französisch, da klingt manches etwas eleganter. Zu den 600 Söhnen muss man noch einmal gut genauso viele Töchter dazurechnen. Die sind natürlich auch auf die Welt gekommen, aber Moulay Ismail hat sie eigenhändig umgebracht, was ihm unter anderem seinen Beinamen eingebracht hat. Warum die Mädchen nicht leben durften, weiß man nicht mit Sicherheit, vermutet aber, dass der Blutrünstige durch die Gefangennahme vieler Frauen und die Ermordung der Töchter die Anzahl der Frauen im heiratsfähigen Alter kleingehalten hat, um so leichter viele junge unvermittelbare Männer als Soldaten für seine Kriege rekrutieren zu können, die er auch sehr zahlreich geführt hat.

(Rund 1200 Kinder zu zeugen ist sehr viel, und wenn Sie sich insgeheim gefragt haben, ob das geht in einem Menschenleben, so sagt die Mathematik: ja. Mit 500 Frauen im Harem und ein paar Lieblingsehefrauen kann man es schaffen. Man muss allerdings sehr diszipliniert sein. Jeden Tag gut 30 Jahre lang ein- bis zweimal Sex haben, keine Wochenenden, kein Urlaub, quasi keine Babypause, dann kann man es schaffen. Klingt in der Theorie auch ein wenig verlockender, als es für alle Beteiligten in der Praxis sein dürfte.)

Im China des 20. Jahrhunderts wollte man aber eigentlich nur weniger Kinder und nicht mehr Männer. Die Zahl unverheirateter Männer hat sich so jedoch zwischen 1988 und 2004 verdoppelt. Kann man einwenden: na, und? Man muss ja nicht unbedingt heiraten. Aber demografisch gesehen spielt die Vorliebe Einzelner eine untergeordnete Rolle, und wenn die Mehrheit der jungen Männer gerne eine Partnerin hätte, aber derart in der Überzahl ist, kann das unangenehme Folgen für die Gesellschaft haben. So hat sich auch tatsächlich die Kriminalität verdoppelt, ausgehend zum überwiegenden Teil von unverheirateten Männern. Menschenhandel nahm zu, Zwangssterilisationen, und Eltern sowie Ärzte, die das Geschlecht eines Kindes mittels Ultraschall bestimmten, wurden bestraft und manchmal sogar ins Gefängnis gesteckt. Die Ein-Kind-Politik wurde deshalb mittlerweile wieder abgeschafft, und wenn man heute China fragen würde, ob eine solche Regulation für den Rest der Welt empfehlenswert wäre, käme als Gegenfrage vielleicht, ob man komplett spinne.

Fortpflanzungsverbote und drakonische Strafen sind glücklicherweise heute nicht mehr das Mittel der Wahl, wenn es um Geburtenkontrolle geht. Und auch Killerviren zu erfinden oder in mühsamer Kleinstarbeit ganze Landstriche wegzubomben, gilt nicht als State of the Art. Der Rückgang von Geburten weltweit findet bereits umfassend statt, auch wenn wir im Alltag wenig davon mitbekommen. Noch Mitte der 1960er-Jahre brachte jede Frau im Durchschnitt 5 Kinder auf die Welt. Heute, 2020, hat sich dieser Wert mehr als halbiert und steht bei 2,4 Kindern pro Frau. Wieso ist das demografisch bedeutend?

Stark vereinfacht ausgedrückt, hört die Weltbevölkerung auf zu wachsen, wenn jede Frau exakt zwei Kinder bekommt, um damit die Elterngeneration zu ersetzen. In der Realität ist dieser Wert etwas höher, weil ja immer noch einige Menschen im Kindesalter sterben und weniger Frauen auf die Welt kommen als Männer. Warum das Ungleichgewicht? Weil man zuerst mehr Männer erschaffen muss, um aus deren Rippen Frauen zu machen? Gilt manchen als plausibel, aber die Quellenlage ist sehr unsicher. Auch wenn man den genauen Grund nicht kennt, als viel wahrscheinlicher gilt, dass es sich evolutionär unter anderem aufgrund der geringeren Lebenserwartung von Männern als praktisch herausgestellt hat, mehr von ihnen herstellen zu lassen, damit immer genug da sind, wenn man welche braucht. Der exakte Wert, bei dem die Bevölkerungszahl weder wachsen noch sinken würde, unterscheidet sich deshalb zwischen den Ländern, insbesondere in Abhängigkeit von der Kindersterblichkeit. Schätzungen zufolge hört die Menschheit langfristig auf zu wachsen, sobald jede Frau im Durchschnitt nicht mehr als 2,1 Kinder zur Welt bringt. Derzeit stehen wir bei 2,4. Tendenz sinkend. Weit entfernt sind wir also nicht mehr.

Aber wie kann es dann sein, dass die Weltbevölkerung so rasant anwächst, während die Anzahl der Kinder pro Frau seit Jahrzehnten sinkt? Wieso glauben so viele Menschen nach wie vor an eine »Bevölkerungsexplosion« und hätten gern viele Zeitgenossen vom Planeten weg, um dessen Überleben zu sichern, wie sie sagen? Das hängt mit der weltweit enorm gestiegenen Lebenserwartung zusammen. Die Generationen der letzten Jahrzehnte haben sich, im Gegensatz zu den Generationen vor ihnen, abgewöhnt, massenweise jung zu sterben. Das haben die davor schon nicht besonders genossen, den nachfolgenden ist es weitgehend erspart geblieben: Weil global betrachtet Hunger und Krieg von Wohlstand und Frieden immer mehr verdrängt worden sind, gepimpt durch medizinischen Fortschritt und Sanitäreinrichtungen. Obwohl die Menschen immer weniger Kinder bekommen, steigt vor allem deshalb die Anzahl der Bevölkerung vorerst weiter, weil die Kinder, die bereits da sind, mit großer Wahrscheinlichkeit heranwachsen und alt werden können.

Das sind nicht nur für diese Menschen hervorragende Nachrichten, sondern für alle, denn es bedeutet, dass das Bevölkerungswachstum nicht endlos weitergehen, sondern abflachen wird, sobald die Generationen, die aufgehört haben jung zu sterben, alt sind und letztlich doch in den Kohlenstoffzyklus abbiegen müssen wie wir alle. Man nennt das einen »Auffülleffekt«, der etwa drei Generationen dauern wird. Und weil nicht mehr so viele neue Menschen nachkommen, hat das derzeitige Bevölkerungswachstum ein klares Ablaufdatum.

Bei der sinkenden Geburtenrate spielen viele Faktoren eine Rolle. Aber zwei stechen als besonders bedeutungsvoll hervor. Erstens: sinkende Kindersterblichkeit. Je niedriger die Kindersterblichkeit in einer Gesellschaft ist, desto eher entscheiden sich ihre Mitglieder, weniger Kinder in die Welt zu setzen. Es dauert immer ein bisschen, bis der Effekt einsetzt, so als ob alle erst einmal schauen wollten, ob das jetzt eh so gilt, aber irgendwann ist es dann so weit. Das scheint kontraintuitiv, aber langfristig betrachtet ist das Bevölkerungswachstum in den Regionen am niedrigsten, in denen die wenigsten Kinder früh sterben. Der zweite und vermutlich entscheidende Faktor ist die Ermächtigung von Frauen. Das klingt pathetisch, ist aber auch eine bedeutende Errungenschaft, wenn man auf die Kulturgeschichte zurückblickt. Je mehr Frauen Zugang zu Bildung haben, desto weniger Kinder bekommen sie. Schließlich hat nicht jede automatisch Lust darauf, fünf Kinder großzuziehen, wenn es auch andere Karrieremöglichkeiten gibt als Hausfrau und Mutter. Dagegen ist natürlich nichts einzuwenden, vorausgesetzt, man hat Wahlmöglichkeiten. In manchen Regionen der Welt besteht natürlich noch ordentlich Aufholbedarf, aber global betrachtet hat sich die Situation in den letzten Jahrzehnten unglaublich verbessert.

Die Expertinnen und Experten der Vereinten Nationen gehen davon aus, dass die Weltbevölkerung bis 2100 auf etwa elf Milliarden Menschen anwachsen wird. Vielleicht eine Milliarde mehr, vielleicht eine weniger. Eine Milliarde von elf macht das Kraut diesbezüglich auch nicht fett. Und das wäre es dann, mit weiterem Bevölkerungswachstum ist danach nicht zu rechnen. Aber kann die Welt das stemmen? Schließlich sind drei weitere Milliarden nicht nichts und wir gehen ja bereits jetzt nicht besonders liebevoll mit dem Erdball um.

Es gibt Gründe für vorsichtigen Optimismus. Schließlich ist bis 2100 noch etwas Zeit und der technologische Fortschritt wird bis dahin nicht stillstehen. Und wenn wir zu den Ländern blicken, die auf der Entwicklungsachse schon ein Stück weiter vorne stehen, sieht es gar nicht mal so schlecht aus. Obwohl die Bevölkerung der EU seit Jahrzehnten zunimmt, sind die Emissionen in den letzten 30 Jahren um 22 % gesunken. Die Ökobilanz von Elektroautos wird laufend besser. Und trotz aller Regenwaldrodungen und entgegen dem Bauchgefühl der allermeisten Menschen, wenn sie die zugegeben unschönen Bilder von der Zerstörung der Regenwälder sehen, hat die Welt zwischen 1982 und 2016 insgesamt etwa 7 % an Waldfläche dazugewonnen. Nicht zuletzt, weil die Landwirtschaft effizienter geworden ist.

Eine Zeit lang wird das Bevölkerungswachstum weitergehen. Aber nicht mehr so schnell und nicht auf ewig. Das ist keine Meinung, kein Wunsch, das ergibt eine Auswertung der Daten. Und wir wissen sogar, was zu tun ist, damit das

Bevölkerungswachstum ein Ende nimmt. Es braucht keinen Weltkrieg, keine Ein-Kind-Politik und kein Killervirus, sondern Bildung, Gleichberechtigung und niedrige Kindersterblichkeit. Kein Grund, sich gezielte Dezimierung zu wünschen. Kein Anlass für Gezeter über Überbevölkerung. Wir sind viele, aber wenn wir, ähnlich wie beim Klimawandel, schnell die richtigen Maßnahmen ergreifen, dann kann die Party, die wir Leben nennen, auf der Erde weitergehen. Für alle. Das ist die vermutlich großartigste Erkenntnis der letzten Jahrzehnte.

PARTY KRACHER

Zugegeben, das letzte Kapitel war, vor allem zum Ende hin, ein wenig salbungsvoll. Fast schon wie ein großer Schlussakkord, nach dem man das Buch mit roten Backen, aber auch etwas Zuversicht zuschlägt, aus dem Lesesessel aufsteht, die Peristaltik dadurch in Schwung bringt, deshalb einer Flatulenz die Freiheit schenken muss, sie aber auch gleich anzündet, um das enthaltene Methan in das weniger schädliche Treibhausgas CO_2 umzuwandeln. Oder Sie bitten wen, dass er anzündet, denn auch das haben wir gelernt, Klimaschutz geht uns alle an.

Und es war ein bisschen getrickst. Denn der Halbsatz »wenn wir, ähnlich wie beim Klimawandel, schnell die richtigen Maßnahmen ergreifen« ist zwar schnell hingeschrieben, aber wir wissen auch, dass es genau daran hapert. Die Erkenntnisse der Klimaforschung, dass wir Menschen den Treibhauseffekt befeuert haben, sind ja nicht neu. Da ist nicht erst gestern ein berittener Bote auf einem erschöpften Pferd auf den Marktplatz getrabt und hat nach einem Fanfarenstoß der Bevölkerung die neue Kunde mitgeteilt. Das wissen wir alles schon seit gut 30 Jahren. Und zwar mit Bestimmtheit. An Wissen mangelt es nicht, was wir brauchen, sind Lösungen.

Und Sie haben Glück, wenn Sie dieses Buch in Händen halten, denn es gibt schon einige zum Thema. Und wir Science Busters haben sogar ein paar nagelneue zusätzlich für Sie auf der Pfanne. Als Service für langjährige Kundentreue.

Beispielsweise den Klimawandel einfach verschlafen. Immer wieder ist nämlich zu lesen, teilweise auch in wissenschaftlichen Publikationen, dass im Jahr 2030 eine Mini-Eiszeit anbrechen könnte. Was würde das bedeuten? Möglicherweise ein Sinken der Durchschnittstemperatur weltweit für viele Jahre. Die Erderwärmung würde dadurch automatisch ausgeglichen, ja es wäre sogar von Vorteil, dass wir vorher noch ein bisschen eingeheizt haben. Sollte das stimmen, bräuchten wir unser Leben, wie wir es kennen, vielleicht gar nicht auf den Kopf zu stellen, sondern müssten nur ein wenig Energie einsparen bis dahin. 2030 ist einigermaßen in Sichtweite. Viele Säugetiere können Winterschlaf. Wir Menschen sind viel schlauer, wäre doch gelacht, wenn wir das nicht hinbekämen.

THE MASKED SLEEPER

Was die Menschheit so viel cooler macht als alle anderen Lebewesen, ist ihre unübertroffene Anpassungsfähigkeit. Sagen zumindest Mitglieder mit großer Freude über sich selbst. Immerhin ist es uns gelungen, in Teile der Welt vorzudringen, die unserer biologischen Ausstattung eigentlich überhaupt nicht entsprechen. Auf Grönland haben es sich mittlerweile Tausende Menschen gemütlich gemacht. Und sogar im Weltraum, wo es noch viel kälter ist als auf der Erde, befinden sich seit Jahrzehnten durchgehend Menschen auf Raumstationen. Leider reicht allerdings bereits ein winterlicher Heizungsausfall in der milden Wiener Innenstadt, um eindrucksvoll zu demonstrieren, dass die Wiege der Menschheit doch nicht auf einer Eisscholle liegt, sondern in der Savanne.

Damit wir den Winter ertragen können, nutzen wir Menschen allerlei technologische Hilfsmittel. Wir leiten brennbares Gas in Wohnungen und zünden es an, damit uns nicht kalt wird. Wir lassen das Licht länger brennen, weil es im Winter so lange finster ist und wir uns im Dunkeln ständig irgendwo anhauen. Und wem das alles nicht reicht, der steigt in ein Flugzeug, um der Kälte zumindest zwei Urlaubswochen lang zu entfliehen.

All diesen Vorkehrungen gemeinsam ist, dass sie zwar leicht nachzuvollziehen sind, aber viel CO_2 freisetzen. Und über Zweiteres freut sich eigentlich niemand, nicht einmal die Bäume, die laut radikalen Klimawandelleugnern eigentlich die allerärgsten CO_2-Fanboys sein müssten. Doch im Winter helfen auch keine Bäume gegen das viele CO_2. Im Gegenteil, sie lassen im Herbst achtlos ihre Blätter fallen und geben im Winter sogar mehr CO_2 ab, als sie aufnehmen. Wenn es um Treibhausgase geht, ist im Winter sogar der Baum eine Umweltsau.

Wenn also die Kombination von Mensch und Winter so ein Klima-Sorgenkind ist, könnte man das Problem vielleicht so lösen wie in der Schule, dass man die ganz argen Tage einfach verschläft oder schwänzt und danach eine Entschuldigung bringt? Bei anderen Säugetieren scheint das hervorragend zu funktionieren, und der Atmosphäre blieben Unmengen an Treibhausgasen erspart, könnten wir es so machen wie beispielsweise der Siebenschläfer. Dem ist der Winter zu blöd, weshalb er seinem Namen alle Ehre macht und die sieben kältesten Monate einfach verschläft. Ganz ohne Zentralheizung. Damit hat er das Zeug zum offiziellen Spirit-Animal der Klimabewegung. Ob er in Zukunft nur noch Sechsschläfer heißen wird, wenn die Temperaturen sieben kalte Monate nicht mehr hergeben, wird sich zeigen.

Auf den ersten Blick scheint ein Winterschlaf nach dem Vorbild des Siebenschläfers das Beste zu sein, was einem überhaupt passieren kann. Guten Gewissens könnten wir uns im Sommer einen ordentlichen Winterspeck anfressen, weil wir die Kilos danach einfach wegschlafen. Sobald es kalt wird, graben wir uns eine Erdhöhle, die kaum größer ist als wir selbst, legen uns zusammengerollt hinein und lesen vielleicht noch ein paar Seiten, bis uns die Augen zufallen. Mehr wäre nicht zu tun. Vorher vielleicht noch aufs Klo gehen, der Rest passiert automatisch. Die Herzschlagfrequenz würde sich enorm verringern, wodurch Energie gespart und weniger CO_2 produziert würde und der Sauerstoff in der Höhle nicht so schnell zu Ende ginge. Der gesamte Stoffwechsel verlangsamt sich und die Körpertemperatur fällt auf etwa fünf Grad Celsius. In diesem Zustand wären wir nahezu klimaneutral.

Damit unsere Zellen das aushalten, muss der Winterschlaf zwar von einzelnen Aufwärm- und Aufwachphasen unterbrochen werden, aber das muss einen nicht weiter stören. Im Gegenteil, die Zeit kann genutzt werden, um kurz WhatsApp zu checken oder eine Instagram-Umfrage »Schlaft ihr auch lieber am Bauch? Ja/Nein« zu erstellen. Oder um die schönsten Eindruckmuster der Bettwäsche auf der Haut zu posten. Danach würden wir seelenruhig weiterschlafen und im Frühjahr munter und erfrischt erwachen. Das ist so viel Win auf einmal, da bräuchte man zwei Hände, um die zu zählen.

Ist man zumindest versucht zu glauben. Leider ist aber

das Erste, was viele Tiere machen, wenn sie aus dem Winterschlaf erwachen, sich gleich wieder schlafen zu legen. Mit regulärem Schlaf hat Winterschlaf nämlich nur wenig gemeinsam, außer den Namen. Tatsächlich scheinen viele Tiere mit einem ordentlichen Schlafdefizit aufzuwachen, weil sie der Winterschlaf vom regulären Schlafen abgehalten hat. Viele Tiere erwachen sogar zwischenzeitlich vom Winterschlaf, um ein Nickerchen zu machen und danach wieder mit dem Winterschlaf fortzufahren. Aber davon erzählen sie nichts in die Kamera, wenn Sir David Attenborough vorbeischaut. Verlogene Biester.

Winterschlaf hat eine völlig andere Funktion als der reguläre Schlaf, den wir gewohnt sind. Dabei durchläuft unser Gehirn eine Reihe aktiver Verarbeitungs- und Instandhaltungsprozesse. Im Winterschlaf geschieht das nicht auf diese Weise, was damit zusammenhängen könnte, dass die niedrigen Temperaturen des Gehirns eventuell nicht mit den Reparaturarbeiten vereinbar sind. Unser Gehirn hat quasi klamme Finger und braucht länger, wie auf einer Baustelle, auf der die Arbeiten nur mühsam vorangehen, wenn es draußen eisig ist. Im Gegensatz zu einem erfolgreichen Nickerchen, erwacht man aus dem Winterschlaf demnach nicht erholt und ausgeruht, sondern fix und fertig. Wie auf einer Baustelle, auf der einem ein Ziegel auf den Kopf gefallen ist.

Und zwar sowohl körperlich erschöpft als auch geistig. Körperlich, weil es enorm viel Energie benötigt, den Körper wieder auf seine normale Temperatur hochzufahren. Man braucht eine erhebliche Menge an Fett dazu, weshalb Tiere bei häufigen Störungen des Winterschlafs sogar verhungern können. Wenn Sie also Ihren Gartenigel loswerden wollen, weil er beim Sex immer so laut schnauft, dass Sie im Sommer bei geöffnetem Fenster nicht schlafen können, dann brauchen Sie ihn nicht mit Doppelklebeband auf die Landstraße legen, sondern nur regelmäßig im Winter aufwecken und fragen, ob er schon schläft. Geistig erschöpft sind wir nach dem Winterratzen, weil das Gehirn während des Winterschlafes unliebsame Veränderungen durchläuft. Beispielsweise gehen einige Synapsen, also Verbindungen zwischen den Nervenzellen des Gehirns, während des Winterschlafs verloren. Bringt man etwa Zieseln bei, ein Labyrinth zu durchlaufen und sich per Hebel Futter zu besorgen, können sich die kleinen Nagetiere das über lange Zeit merken. Außer man schickt sie zwischendurch in einen monatelangen Winterschlaf, dann vergessen sie es wieder. Auch das könnte einer der Gründe sein, warum Tiere im Winter nicht durchschlafen, sondern zwischenzeitlich aufwachen – um ihr Gehirn zu reparieren. Damit sie im Frühjahr noch wissen, warum sie vor dem Winter überhaupt eingeschlafen sind.

Für eine Spezies wie uns, die besonders stolz auf die Leistung ihres Denkorgans ist, ist Winterschlaf demnach keine gute Lösung, auch nicht für das Klimaproblem. Zwar könnten wir unseren Treibhausgasausstoß auch reduzieren, indem wir einfach die nächtlichen Schlafzeiten erhöhen, allerdings steht der Mensch da generell auf der falschen Seite der Glockenkurve.

Der Graue Mausmaki, der genau wie wir zu den Primaten zählt, verbringt bis zu 17 Stunden am Tag schlafend. Damit ist er deutlich klimagünstiger, als wir es je sein könnten. Uns reichen gewöhnlich sechs bis neun Stunden pro Nacht. Insgesamt verschlafen wir etwa ein Drittel unseres gesamten

Lebens. Das klingt nach einer langen Zeit, verglichen mit allen anderen Primaten ist es jedoch lächerlich kurz. Tatsächlich gibt es keine andere Primatenart, die so wenig Schlaf benötigt wie wir. Selbst wenn man für Körpergröße und andere Faktoren kompensiert. Dass unser Schlaf so kurz ist, können wir uns deshalb leisten, weil er auch besonders tief ist. Während Lemuren oder Makaken nur 5 % der Schlafenszeit in den für die Erholung wichtigen REM-Phasen verbringen, kommen wir auf satte 25 %.

Warum ausgerechnet wir so gut darin geworden sind, zu schlafen, ist nicht vollständig geklärt. Manche Forscher vermuten dahinter einen evolutionären Selektionsdruck, der sich daraus ergibt, dass wir unsere Nachtruhe vom Geäst der Bäume auf den Boden verlegt haben. Die Gefahr, Opfer eines Raubtierangriffes zu werden, ist abseits der Bäume deutlich höher. Da kann ein möglichst kurzer Schlaf das Risiko reduzieren, hinterrücks verspeist zu werden. Andere Forscher gehen von der gegenteiligen Überlegung aus und spekulieren, dass wir abseits der Bäume dank Höhlen, Feuer und Wachehalten weitestgehend vor Angriffen geschützt waren und es uns deshalb leisten konnten, besonders tief zu schlafen.

Tief schlafen können wir also, winterschlafen nicht, und deshalb ist auch das Klimaproblem dadurch nicht zu lösen. Aber wie so oft, kann jeder und jede von uns einen kleinen Beitrag leisten. Das kann damit beginnen, dass wir antike Dogmen wie »Wer feiern kann, kann am nächsten Tag auch arbeiten« endlich über Bord werfen und nach einem Trinkgelage den Rausch mit gutem Gewissen ordentlich ausschlafen. Dem Klima zuliebe.

Wegschlafen können wir den Klimawandel also nicht. Wegsaufen vielleicht schon, wie wir am Ende sehen werden. Aber in erster Linie müssen wir etwas gegen den Klimawandel tun wollen. Und zwar jetzt. Denn die angekündigte Mini-Eiszeit im Jahr 2030, die immer wieder durch die Gegend geistert und von Verschwörungstheoretikerinnen und ihren männlichen Pendants dankbar aufgegriffen wird, ist leider einfach nur schlechte Wissenschaft. Das darin behauptete extreme Minimum an Sonnenaktivität gibt es nämlich nicht.

Der entsprechende Sonnenzyklus, der diese radikale Abkühlung in Tateinheit mit einer Miniatureiszeit bringen sollte, hat Mitte 2020 begonnen, und nichts deutet daraufhin, dass in den kommenden 11 bis 13 Jahren, so lange dauert ein Sonnenzyklus in der Regel, irgendetwas Auffälliges passiert. Die Sonne wird das machen, was sie immer macht, nämlich scheinen. Unterschiedlich stark und jedenfalls so, dass sie den Klimawandel weiterhin so wenig beeinflussen wird, wie sie ihn verursacht hat. Das können wir nämlich messen. Wir haben Satelliten im Weltall, die nichts anderes tun, als rund um die Uhr die Sonne zu beobachten, das kann man sich jeden Tag, jede Stunde live im Internet anschauen. Und wir sehen und messen eben, dass auf der Sonne nichts Relevantes passiert, das zu mehr Energie auf der Erde führt.

Wir können messen, wie viel Strahlung aus dem Weltall auf die Erde kommt, wir können messen, wie viel wieder absorbiert wird, wir können messen, wie viel zurückkommt, wir können messen, wie warm die Atmosphäre ist, und wir können messen, dass die Atmosphäre immer wärmer wird. Auch wenn manche einwenden, das seien ja mehr Messen als in einer Karwoche: Es zeigt eindeutig, dass wir uns nicht auf unseren Stern ausreden können, wenn wir Klimaziele verfehlen.

Einer aktuellen Studie zufolge sind so gut wie alle Staaten dabei, das zu tun. Obwohl alle sagen, sie wollten eigentlich das Gegenteil. Vielleicht können wir dem Wollen ein wenig nachhelfen, indem wir unser Gehirn umbauen.

LETZTER WILLE

Wenn man möchte, dass die Menschen Rücksicht auf die Umwelt nehmen, ist es hilfreich zu verstehen, was manche Leute dazu motiviert, dies zu tun, und was andere davon abhält. Vergleicht man das Öko-Verhalten verschiedener Gruppen, stechen ein paar Dinge ins Auge. Frauen schneiden bezüglich Umweltverträglichkeit generell besser ab als Männer. Sie werfen weniger weg und recyceln häufiger. Außerdem verursachen Frauen weniger CO_2-Ausstoß und sind somit insgesamt klimafreundlicher als Männer. Nicht zuletzt deshalb, weil sie einfach weniger essen. Frauen sind aufgrund gesellschaftlicher Rahmenbedingungen auch mehr zu Hause, wo Recycling leichter ins Leben einzubauen ist, und weniger oft mit Autos oder Flugzeugen auf Dienstreisen. Dass man die Klimaziele allein dadurch erreichen kann, den Männeranteil in Gesellschaften zu reduzieren, ist wissenschaftlich nicht belegt. Auch wenn es ohne Männchen grundsätzlich ginge. Zumindest in sehr spezialisierten Gesellschaften.

Es gibt zum Beispiel eine in der Wüste lebende Eidechsenpopulation, die ausschließlich aus Weibchen besteht. Der Name der Echse lautet Schienenechse, und dort, wo sie vorkommt, nämlich in Amerika, nennt man sie entweder Whiptail Lizard oder Lagartos de Cola Látigo. Die Umweltbedingungen, etwa in der kalifornischen Mojave-Wüste, sind sehr stabil, der Überlebenskampf wird hauptsächlich gegen die Witterung ausgefochten, und es gibt kaum Gegner – deshalb verzichten die Reptilienweibchen auf Männchen. Die Vermehrung erfolgt über Jungfrauenzeugung, was dort tatsächlich funktioniert. Die Weibchen werden danach aber keine Gottesmütter und ihre Söhne später auch nicht gekreuzigt. Und zwar nicht nur deshalb, weil es gar keine Söhne gibt. Mehr noch sieht es sogar so aus, als ob sich die Schienenechsenweibchen bei der Fortpflanzung über die abwesenden Männchen lustig machten. Denn es gibt zwischen den Weibchen sehr wohl Balzrituale, sie besteigen einander sogar gurrend, aber dann lassen sie es auch wieder und legen jede ein paar Eier, aus denen genetisch idente Töchter entstehen. Das hat sich evolutionär irgendwann einmal so nach einer Kreuzung zufällig ergeben und bewährt und wird deshalb nicht geändert.

Wenn wir uns nicht anstrengen, gibt es auf der Welt bald viel mehr Wüsten, die Erde wird unbewohnbar, heißt es in den apokalyptischeren Drucksorten rund um den Klimawandel gern. Ob man mit dem Hinweis auf die Schienenechse klimaunfreundliche Männer umstimmen kann, ist allerdings fraglich.

Denn erstens gilt es natürlich nicht für alle Männer, die Unterscheidung ist rein biologisch angelegt. Und zweitens gibt es bisher lediglich Hinweise darauf, dass umweltfreundliches Verhalten für Männer weniger attraktiv sein könnte, da es manchen Männern einfach nicht männlich genug erscheint. Aber schauen wir uns an, was da dran sein könnte und ob das weiterhilft.

In einer Untersuchung wurden Menschen, die beim Einkaufen einen Stoffbeutel mitnehmen, von 194 schriftlich befragten Probandinnen und Probanden als femininer eingestuft als solche, die sich ein Plastiksackerl schnappten. Als Grund dahinter vermutet man entweder die Persönlichkeitsunterschiede zwischen Männern und Frauen oder eine generelle Assoziation von grünem Verhalten mit Femininität. In einem anderen Experiment wurde die Maskulinität männlicher Versuchsteilnehmer »bedroht«, indem man ihnen rosa Geschenkgutscheine gab, die mit Blümchenmustern verziert waren. Einer Kontrollgruppe gab man Gutscheine in neutraler Optik. Das Resultat war, dass die Männer mit den Blümchen-Gutscheinen eher dazu geneigt waren, ökologisch problematische Dinge zu kaufen – vermutlich, um das rosa Blümchenmuster zu kompensieren. Die Untersuchungen legen nahe, »entmannte« Männer könnten versuchen, ihre Maskulinität durch Umweltsünden zu steigern.

Die Science Busters versuchen diesbezüglich seit vielen Jahren günstig zu intervenieren: Die Farbe der Oberbekleidung ihres MC kann unter den Umständen durchaus als Klimaschutzintervention verstanden werden. Muss aber nicht. Man kann das Outfit auch einfach nur augenfreundlich und kleidsam finden.

Aber der kleine Gedanke vom rosa Einkaufssackerl führt zu einem viel größeren: Smartphones etwa haben ihren Siegeszug nicht deshalb angetreten, weil die Welt davor nicht bewohnbar und die Menschheit am Ende ihrer Kräfte war, sondern weil sie als praktisch, vor allem aber als cool wahrgenommen wurden.

Umgelegt auf den Klimaschutz müssten wir die Menschen also dazu bringen, ökologisch schädliches Verhalten uncool zu finden. Oder, besser noch, gleich dafür sorgen, dass die Menschen Klimaschutz für das Coolste überhaupt halten. Wie weit sind wir da? Wenn man sich beispielsweise anschaut, wie viele Leute Greta Thunberg cool finden, so ist schon ein bisschen was gelungen. Wenn man dem aber entgegenhält, wie wüst sie teilweise beschimpft wird, und das nicht nur von Trollen im Internet, sondern auch von politischen Bühnen herab, dann ist der Fortschritt wohl doch noch überschaubar.

Man könnte natürlich an einem gesellschaftlichen Imagewandel arbeiten. Aber die Zeit ist knapp, Planet B unentdeckt und die Temperaturen steigen. Außerdem haben Jahrzehnte der Neurowissenschaft gezeigt, dass man es sich auch ein bisschen leichter machen und direkt an der Quelle der Motivation ansetzen könnte – im Gehirn. Schließlich wissen wir heute ziemlich gut, wie unser Denkorgan uns dazu bringt, bestimmte Dinge zu tun.

Stellen wir uns folgendes einfaches Szenario vor. Jemand schüttet Gift in einen Fluss. Hätte man zu Beginn des 18. Jahrhunderts nach den Gründen für ein solches Verhalten gefragt, hätte man vermutlich als Antwort bekommen, er habe sich eben dazu entschlossen. Die Annahme war, der Mensch besitze einen freien Willen und setze diesen nach Belieben ein, um sich für oder gegen bestimmte Handlungen zu entscheiden. Doch damals wusste man über das Gehirn nicht viel mehr, als dass jeder eines besitzt. Außer im Fall der Geringschätzung. Die beliebte akronymische Schmähung OHG – ohne Hirn gearbeitet – war vermutlich noch nicht erfunden, aber in Varianten schon in Gebrauch. Es hat lange Zeit gedauert, bis man halbwegs verstand, wie der große Klumpen im Kopf funktioniert. Doch je genauer man der Arbeitsweise des Gehirns auf die Spur kam, desto mehr schien es, als könne man eine wichtige Sache, die man dort vermutet hatte, partout nicht finden – den freien Willen.

Alles, was man im Gehirn gefunden hat – Gene, Hormone, Proteine –, gehorcht den gleichen Gesetzmäßigkeiten wie alle anderen Moleküle im Universum auch. Aus Sicht der Neurowissenschaft hat es sich deshalb als sinnlos erwiesen, den freien Willen überhaupt als Erklärungsmodell heranzuziehen. Im Gegenteil ist die Vorstellung eines freien Willens aus der Neurowissenschaft praktisch vollständig verschwunden, weil es im Gehirn nichts gibt, das sich mit dessen Hilfe besser beschreiben ließe als ohne. Die Frage, warum jemand Gift in den Fluss geschüttet hat, ließe sich heute deshalb nicht einfach damit beantworten, dass er sich eben aus freien Stücken dazu entschieden habe. Sondern eher, dass er es aufgrund komplexer elektrochemischer Prozesse im Gehirn getan habe, die zum Teil durch die Umwelt, aber auch durch seine genetische Veranlagung geprägt sind. In der Praxis wird die Aussage vermutlich abgerundet werden durch den Zusatz, er sei darüber hinaus ein Trottel. Oder habe sich betriebswirtschaftliche Vorteile davon versprochen. Wobei eines das andere nicht ausschließt.

Dass die Vorstellung eines freien Willens bei unseren Entscheidungen so stark an Bedeutung verloren hat, empfinden manche als Kränkung. Dabei sind das hervorragende Nachrichten, denn erst dadurch, dass sich alles im Gehirn mit den bekannten Naturgesetzen beschreiben lässt, haben wir die Möglichkeit, es auch zu verstehen. Und in weiterer Folge sogar direkt darauf Einfluss zu nehmen.

Zwar gibt es bisher keine direkten Versuche, Klimasünderinnen und -sündern, bei denen alle anderen Maßnahmen versagt haben, den Umweltschutz neurochemisch ans Herz zu legen, aber die wissenschaftliche Grundlage dafür wurde bereits gelegt.

Folkloristisch bekäme man vermutlich einige Aufmerksamkeit, würde man den 45. Präsidenten der Vereinigten Staaten als erstes Versuchsobjekt küren, nachdem er wahlweise behauptet, CO_2 habe keinen Einfluss aufs Klima, die Sonne sei schuld oder die Chinesen. Oder den Klimawandel gebe es gar nicht. Wenn die Kühlerfigur der sogenannten Klimaskeptiker – was immer das sein soll, denn skeptisch ist an dem Gehabe der Menschen, die sich selbst so nennen, gar nichts –, wenn also das Maskottchen der Unbelehrbaren seine Meinung ändern würde, dann wäre das ein Beweis für die Wirksamkeit der Methode. Könnte man meinen. Aber abgesehen davon, dass so ein Vorgehen nicht sehr wissenschaftlich wäre, darf man bei Menschen wie Donald Trump die Bereitschaft zum Opportunismus nicht unterschätzen, was das Ergebnis noch weiter verfälschen würde.

Aber wie schaut denn die Methode im Einzelnen überhaupt aus und was weiß man bislang?

Mithilfe sogenannter Robo-Ratten kann man einen Überblick bekommen. Dabei handelt es sich um Ratten, denen in die Bereiche des Gehirns, die für Sensorik und Belohnung zuständig sind, Elektroden eingepflanzt wurden. Sie sind mit einem Empfangsgerät verbunden, das die Tiere in einem winzigen Rucksack auf ihrem Rücken tragen. Dadurch können Forscher die Ratten mittels Fernbedienung steuern und nach einer kurzen Lernphase dazu bewegen, nach links oder nach rechts zu laufen, Leitern hinaufzuklettern oder Müllhaufen zu durchsuchen. Aber nicht nur das, sie können die Tiere auch dazu motivieren, Dinge zu tun, die Ratten gewöhnlich nicht machen würden. Etwa aus großer Höhe herunterzuspringen. Für ihr Bungee-Jumping-Faible sind Ratten nämlich gar nicht bekannt.

Naheliegend, dass Tierschützer kritisieren, man würde die Ratten zwingen, etwas zu tun, das sie nicht tun wollen. Dieser Vorwurf ist aber insofern nur teilweise richtig, als man durch Zugriff auf das Belohnungssystem nicht entscheidet, was die Tiere tun. Sondern man kann entscheiden, was sie tun wollen. Das klingt unglaublich, aber nach allem, was man weiß, haben die Ratten nicht das Gefühl, gegen ihren Willen zu handeln. Drückt der Forscher auf den Knopf, spürt die Ratte nicht etwa den inneren Zwang plötzlich nach links abbiegen zu müssen. Viel eher hat sie das Gefühl, soeben entschieden zu haben, dass sie nach links abbiegen möchte. Das weiß man, ohne den Ratten Fragebögen austeilen zu müssen, weil man die Funktionsweise des Belohnungssystems mittlerweile gut versteht. Es steuert, welche Handlungen einem lohnenswert erscheinen. Es wäre anders, wenn die Forscher die Elektronen direkt an der Muskulatur der Tiere montiert hätten und sie in 60er-Manier den Robot-Dance hätten aufführen lassen. Aber stattdessen wurde nicht ihr Bewegungsapparat beeinflusst, sondern der

Teil des Gehirns, von dem man weiß, dass er entscheidet, was man möchte. Die Entscheidung, es tatsächlich zu tun, kam von den Tieren selbst. Oder zumindest glauben sie das.

Die Ratte verspürt den Wunsch, nach links abbiegen zu wollen. Aus ihrer Sicht macht es wenig Unterschied, ob diese Entscheidung durch die elektrischen Signale der eingepflanzten Elektroden ausgelöst wurde oder durch die elektrischen Signale anderer Nervenzellen in ihrem Gehirn.

Solche Forschung gibt es natürlich nicht deshalb, um endlich ferngesteuerte Ratten im Weihnachtsgeschäft anbieten zu können, sondern um mehr über das Gehirn zu erfahren. Auch wenn es Überlegungen gibt, die in eine solche Richtung weisen und ein wenig nach Science-Fiction klingen – nämlich, wie man diese Robo-Ratten einsetzen könnte, um in eingestürzten Häusern nach Verschütteten zu suchen. Denn nach Erdbeben kommt es manchmal auf Minuten an, in denen entschieden werden muss, wo und wie man die in der Regel begrenzten Hilfskapazitäten einsetzt. Einfach drauflosgraben wäre zwar intuitiv naheliegend, aber oft nicht sehr effektiv. Es wäre also gut, möglichst schnell zu wissen, wo unter den Bergen aus Schutt und Trümmern noch Menschen verborgen liegen. Um diese Räume zu durchsuchen, würde man Robo-Ratten kleine Kameras auf den Rücken montieren, um sie auf die beschriebene Art »ferngesteuert« durch den Schutt zu manövrieren. Dabei sind sie vermutlich wendiger und flexibler als aktuelle Roboter. Und wenn man dabei auf einen Überlebenden stößt, weiß man, wo man möglichst schnell mit dem Graben beginnen sollte ...

Wie praktikabel das ist, lässt sich schwer einschätzen. Es

ist natürlich immer möglich, dass man solche Vorwände benutzt, um Forschungsfinanzierungen auf die Beine zu stellen. Aber wenn es sich bewährt, freuen sich die Überlebenden über Rettung und Rattung.

Würde man die Erkenntnisse aus der Rattenforschung auf den Klimawandel, die große Herausforderung des 21. Jahrhunderts, umlegen, muss die Frage natürlich nicht lauten »Wie kommt man bei dem Müll, den Klimawandelleugnerinnen und -leugner reden, am besten zur Quelle des Unsinns« und »Zahlt es sich überhaupt aus zu graben, oder kann man es gleich bleiben lassen?«. Sondern »Können wir die Erkenntnisse der Robo-Ratten dazu nutzen, um Menschen dazu zu motivieren, sich mit großem Enthusiasmus für die Rettung des Klimas einzusetzen?«. Können wir also einen klimaschutzsüchtigen Robo-Menschen erschaffen? Und jedes Mal, wenn er sich aufs Fahrrad setzt, gibt's ein Feuerwerk im Belohnungszentrum oder ein intensives Gefühl der Befriedigung beim Dimmen der Energiesparlampe? Hier können Sie Ihre Fantasie gern ins Kraut schießen lassen, was orgiastische Belohnungen und Klimaschutz betrifft. Zeichnen Sie es auf, die schönsten Einsendungen werden prämiert.

Dass man allen Menschen Elektroden ins Gehirn verpflanzt, wäre leider mit enormem Aufwand verbunden. Und würde vermutlich selbst als Plan B zu den näherliegenden Klimaschutzmaßnahmen auf nennenswerten Widerstand stoßen. Abgesehen davon, dass es vermutlich auch nicht sehr umweltfreundlich wäre. Allein die für die Eingriffe benötigten Narkosegase und Medikamente sind aufwendig in der Herstellung und Krankenhäuser sind ebenfalls nicht extrem klimaneutral.

Aber das wäre vielleicht auch gar nicht zwingend notwendig. Man kann sich die Operationen sparen, denn Experimente haben gezeigt, dass wir uns mithilfe der transkraniellen Gleichstromstimulation ähnlich beeinflussen lassen wie die Robo-Ratten. Transkraniell klingt ein bisschen ähnlich wie craniosacral, aber Vorsicht, das darf man nicht verwechseln. Craniosacrale Therapie ist Schmafu, für den in Esoterikkreisen viel Geld für keine Wirkung verlangt wird. Das macht man dort gern, also erstens viel Geld verlangen für nichts und zweitens mit wissenschaftlichen Fachausdrücken herumjonglieren, ohne zu wissen, was sie eigentlich bedeuten, weil man das dazugehörige Studium geschwänzt und folglich kein ausreichendes Fachwissen auf der Habenseite hat. Transkranielle Gleichstromstimulation hingegen ist Wissenschaft und die dazugehörige Forschung seriös und interessant.

Dazu muss man nämlich nicht erst mühsam ein Loch in den Schädel bohren, um ans Gehirn heranzukommen, sondern es reicht das Aufsetzen einer helmartigen Apparatur. Mit ihr lässt sich die Gehirnaktivität durch Elektroden an der Kopfhaut beeinflussen, wodurch selbst komplexe Gefühle wie Angst, Wut und Liebe erzeugt oder unterdrückt werden können. Wenn auch noch nicht so einfach und zuverlässig, wie man das in der Wissenschaft gerne hätte. Aber wenn die Forschung weiter voranschreitet, werden sich vielleicht bald auch spezifische Gefühle wie die Liebe zur Umwelt und der Wunsch nach klimafreundlichen Handlungen so weit steigern lassen, dass selbst Captain Planet vor Neid erblassen würde. Der Nachteil wäre, dass die Elektrodenhelme selbst wiederum Strom benötigen, und solange der zu einem großen Teil aus fossilen Energieträgern stammt, bleibt für die CO_2-Bilanz unterm Strich eventuell wenig übrig. Und wenn man sich anschaut, auf wie viel Gegenliebe die Maskenpflicht im Zuge der Covid-19-Pandemie gestoßen ist, würde es einer Helmpflicht für Klimaschutz als Crowd-Pleaser wohl nicht viel besser ergehen.

Besser als das Gehirn mechanisch oder elektrisch zu manipulieren, wäre es, ihm auf halbem Weg und nicht ganz so invasiv entgegenzukommen. Da wissen wir heute schon sehr gut, wie das geht. Dafür ist 2017 sogar der Ökonomie-Nobelpreis verliehen worden.

NUDGE, NUDGE, SAY NO MORE!

Einen Ökonomie-Nobelpreis gibt es natürlich gar nicht. Er heißt in Wirklichkeit Alfred-Nobel-Gedächtnispreis für Wirtschaftswissenschaften und wird erst seit 1969 vergeben, und zwar zeitgleich mit den echten Nobelpreisen, vermutlich auch, um von deren Reputation zu profitieren. Alfred Nobel wäre nie auf die Idee gekommen, ihn zu stiften. Aber dass er sich selber auch Nobelpreis nennen möchte und damit durchkommt, gibt einen guten Hinweis darauf, dass man in unserem Gehirn auch mit sanfteren Methoden Zustimmung und dergleichen erreichen kann, ganz ohne operative Eingriffe.

Im Jahr 2017 ist der Preis an den US-amerikanischen Wirtschaftswissenschaftler Richard Thaler gegangen »für seine Beiträge zur Verhaltensökonomik«. Darunter kann man sich erst einmal nur circa irgendwas vorstellen, was, wie Kritikerinnen und Kritiker des Fachgebiets spöttisch bemerken, die Forschungsergebnisse auch ganz gut umreißt.

Worum es in der Forschung von Richard Thaler geht, ist unter anderem das, was man gemeinhin als Nudging bezeichnet. Nudge bedeutet eigentlich »leichtes Anstoßen« oder »stupsen« und ist vielen Menschen aus dem berühmten Monty-Python-Sketch »Nudge, Nudge« geläufig. In dem stößt ein gut gelaunter junger Mann in einem englischen Club einen anderen an, weil er gerne was über Sex im Allgemeinen und Geschlechtsverkehr im Besonderen wissen möchte, um schließlich zuzugeben, von beidem keinen Tau zu haben.

Wenn man Menschen im Sinne der Verhaltensökonomie stupsen möchte, muss man sich ihre biologischen Rahmenbedingungen anschauen. Die gestalten sich für die meisten Tiere derart, dass sie ihre Grundbedürfnisse zwar abdecken können, aber dass kaum Überproduktion stattfindet, die in einen Überfluss der Ressourcenverfügbarkeit münden würde. Das klingt auf den ersten Blick zwar gerecht, ist es aber nicht. Denn in Wirklichkeit ist der Zugang zu Ressourcen nicht gleich verteilt. Manche Individuen haben aufgrund ihres hierarchischen Status oder auf Basis ihres Territoriums mehr als andere. Mehr Nahrungsressourcen, mehr Reproduktionspartner, mehr Nachkommen. Für Tiere ist das dann eben so, die sind nicht schlauer, deshalb machen wir ja über sie Tierfilme und nicht sie über uns Menschenfilme.

Dass wir Menschen mit unserem Vermögen, über unsere Situation nachdenken zu können, unbedingt so viel schlauere Dinge unternehmen und erfülltere Leben führen, lässt sich damit noch nicht zwangsläufig belegen. Aber wir haben etwa die Strategie entwickelt, uns was zu gönnen – zum Beispiel als Ausgleich dafür, dass für viele von uns Erwerbstätigkeit nicht als intrinsisch belohnend gilt, sondern vielmehr als Mittel zum Zweck. Die verhaltensbiologische Grundlage für unser Tun ist nämlich der Motivationskomplex. Motivation bewegt uns im wörtlichen Sinne, ist unser Anreiz, in Bewegung zu kommen, energetischen Aufwand zu betreiben und teils mühsame und unerfreuliche Dinge zu tun. Das machen Tiere auch. Aber beim Menschen ist die Fähigkeit, auf die Belohnung – also das Erreichen des Motivationszieles – zu warten, so stark ausgeprägt wie bei keinem anderen Tier. Bei den meisten Tierarten darf nicht zu viel Zeit zwischen einer Verhaltensweise und der Belohnung bzw. Bestrafung dafür liegen, sonst werden diese Dinge nicht als voneinander abhängig empfunden. Wenn Sie einen morgens unfolgsamen Hund erst abends tadeln, weil davor keine Zeit war, dann hat der keine Ahnung, was Sie machen. Und schaut Sie zurecht so an, wie Hunde nun einmal schauen, wenn sie was nicht verstehen. Und das ist oft lieb, aber ohne Verständnis für die Situation.

Bei Menschen hingegen funktioniert eine verzögerte Belohnung erstaunlich gut und äußerst langfristig. Wir ertragen einen unerfreulichen beruflichen Alltag ein ganzes Jahr lang, allerdings mit der Perspektive auf einen fantastischen Urlaub. Wir nehmen Einschränkungen in unseren alltäglichen Ausgaben in Kauf, um irgendwann eine größere Investition tätigen zu können. Und auch die Konsequenz, mit der wir etwa ins Fitnessstudio gehen oder eine Diät einhalten, hat ihre Wurzeln in einer erwarteten zukünftigen Belohnung. Es gibt keine Tiere mit Sparbuch und genau getimte, jährlich wiederkehrende Fastenzeiten vor rituellen Kreuzeserhöhungen sind ihnen ebenso unbekannt.

Die Evolutionspsychologin Bobbi Low hat dieses Verhalten in Bezug auf Partnerwahl und Partnermarkt untersucht. Und postuliert, dass wir uns nachhaltiger verhalten, wenn wir dadurch auf dem Partnermarkt begehrenswerter werden. Dabei helfen uns Statussymbole – auch wenn die eigentlich keinen guten Ruf haben und kaum wer auf sie reduziert werden möchte.

Aber etwa Bio-Produkte werden auch zu Statussymbolen, indem sie teurer und »exklusiver« sind, weil sie so einen Hinweis auf das Vermögen des Käufers geben. So ungefähr funktioniert Nudging. Nur falls Sie sich bislang gedacht haben, dafür bin ich sicher nicht empfänglich, das ist was für Einfältigere ... In manchen Aspekten ist die Etablierung von nachhaltigen Statussymbolen bereits sehr gut gelungen, schießt mitunter allerdings schon wieder am Ziel vorbei. Mit einem Tesla bewegt man sich guten Gewissens mit E-Mobilität fort, wiewohl es bei Weitem nachhaltigere Formen der Fortbewegung gäbe.

Aber genau dadurch, dass die Wirksamkeit von Statussymbolen daran geknüpft ist, ob andere erwarten können vom Kuchen mitnaschen zu dürfen, eröffnen sich Optionen, um einen nachhaltigeren Umgang mit Ressourcen zu fördern. Denn alles kann zum Statussymbol werden, wenn es nur allgemein anerkannt wird. Beispielsweise hat der Konsum hochwertiger Nahrungsmittel in der gehobenen Mittelschicht in den vergangenen Jahren massive Bedeutung erlangt. Es wird nicht nur sehr viel Geld dafür ausgegeben, sondern auch intensiv darüber kommuniziert. Aber vor allem mit einem entsprechenden Einkommen ist es möglich, die Spezialitäten vom regionalen Biobauern und die edlen Tropfen des hippen Winzers auf Dauer zu erschwingen und nicht nur ab und zu. Neben dem Genuss wird in der Kommunikation immer auch die Nachhaltigkeit als Motivation für dieses Konsumverhalten angeführt. Der Luxuscharakter nachhaltiger Ernährung führt dazu, dass diese momentan noch einer Elite vorbehalten ist, macht sie aber zu einem begehrten Statussymbol und könnte deshalb dazu beitragen, dass eine breite Masse diese anstrebt.

Das klingt zwar nicht sofort nach einer sympathischen oder demokratischen Vorgehensweise, aber um hohe Sympathiewerte geht es bei der Beschreibung von menschlichem Verhalten auch nicht. Wir wissen als Menschen ja ohnedies, mit wem wir es bei uns zu tun haben. Wären wir anders, gäbe es keine Erderwärmung. Tiere kennen nämlich nicht nur kein Sparbuch und keine Fastenzeit, auch Klimagipfel halten sie nie ab.

Die Motivation über Umwege jedenfalls wurde von Bobbi Low vorgeschlagen und in der Verhaltensökonomie aufgegriffen. Das evolutionspsychologische Argument beruht darauf, dass Status in der Partnerwahl eine Rolle spielt. Wenn also nachhaltige Verhaltensalternativen zu Statussymbolen gemacht werden, werden sie als erstrebenswert eher verfolgt. Das macht Statussymbole zu einer fantastischen Möglichkeit, um Menschen zu Nachhaltigkeit zu motivieren. Ob wir das woke finden oder nicht. Wenn nachhaltige Qualitäten und Objekte mit dem Image von Luxus und Status verbunden werden, wird ökologisch bewusstes und humanes

Verhalten erstrebenswert und attraktiv. Dies kann dazu führen, dass wir irgendwann die nachhaltige Option aus einem inneren Antrieb wählen. Indem die Entscheidung emotional verankert ist, wird sie verlässlicher und langfristiger getroffen, als wenn sie allein auf Basis von rationalen Argumenten stattfindet. Weil wir Menschen wissen, dass wir so funktionieren, kann man das verwenden. Auch wenn wir wissen, dass wir es verwenden.

Nudging setzt also anstelle rationaler Argumente Emotionen und unbewusste Prozesse ein, um Menschen dazu zu bringen, etwa die nachhaltigere Verhaltensalternative zu wählen. Nudging löst Verhaltensänderungen auch dadurch aus, dass bestimmte Handlungsweisen erleichtert werden. Davon könnten vielleicht auch Tiere profitieren. Auch wenn sie nicht so schlau sind wie wir und deshalb dauernd von uns gegessen werden.

DIES IST MEIN FLEISCH

Bekanntlich ist die Rinderzucht einer der Hauptgründe, warum wir Menschen so viel Methan in die Atmosphäre bringen. Wollte man daran etwas ändern, könnte man weniger Rinder züchten und weniger Fleisch essen, beides gut fürs Klima. Oder man kann andere Lösungen finden. Dass Menschen im öffentlichen Raum Masken tragen, ist eine von vielen Maßnahmen in Zeiten von Epidemien. Was für uns Menschen gut ist, kann für Kühe nur billig sein. Und so sind bereits ein paar Patente eingereicht, in der Hoffnung, die

Kuh-Treibhausgasemissionen in den Griff zu bekommen, ohne die Zahl der Tiere zu verringern.

Vielleicht nicht zufällig hat im Frühjahr 2020 ein britisches Start-up-Unternehmen der Öffentlichkeit den Prototyp einer Gesichtsmaske für Rinder präsentiert. Allerdings nicht einen so simplen Mund-Nasen-Schutz, wie wir ihn zu Zeiten des Coronavirus beim Einkaufen tragen. Den Tieren wird eine Gummimaske über dem Maul platziert, die mithilfe solarbetriebener Rotoren das entweichende Methan direkt in eine kleine Kammer bläst. Dort wird es oxidiert und in ein weniger klimaschädliches Gas umgewandelt, nämlich, das wissen Sie bereits, CO_2. Ähnlich wie die Helden der Marvel-Comics würden somit auch Kühe bald eine Maske aufsetzen, um für eine bessere Welt zu sorgen. Und wäre Groot nicht schon als Baum Mitglied der Avengers, wäre das ein guter lautmalerischer Name für ein neues und vor allem klimaneutrales Mitglied, das mit seiner Maske Kuhrülpser bekämpft. Denn obwohl Groot Groot ist, ist er alles andere als Groot, wenn man den ökologischen Fußabdruck seiner Fortbewegungsmethoden in Betracht zieht.

Schon vor Jahren gab es Versuche, Kühe mit großen, aufblasbaren Rucksäcken auszustatten, die das entstehende Methan direkt abfangen. In dem Fall müsste man nicht erst mühsam nach einem Endlager suchen, denn Methan eignet sich hervorragend als Biogas zur Energiegewinnung. Laut dem Argentinischen Institut für Agrartechnik ließe sich mit der Tagesausbeute von einem Rucksack ein Kühlschrank für einen Tag betreiben. Alternativ könnte man ihn vielleicht am Ende der Weidesaison hinten anzünden und als Jetpack verwenden, damit der Almabtrieb schneller gelingt.

Weniger Fleischproduktion, wie wir sie kennen, würde natürlich ebenfalls weniger Treibhausgasemission bedeuten. Die Rechnung ist einfach. Realistisch ist es allerdings nicht, dass in absehbarer Zeit sehr viel weniger Tierzucht betrieben werden wird, nicht nur, weil vielen Menschen das Fleisch sehr gut schmeckt. Wenn wir aber nicht bereit sind, weniger Kühe zu züchten, weil wir nicht weniger Fleisch auf dem Teller haben wollen, vielleicht könnten wir dann mehr Fleisch aus weniger Kühen machen? Vielleicht sogar sehr viel Fleisch aus sehr wenig Kuh? Bemühungen diesbezüglich gibt es schon länger. Und einige Schwierigkeiten sind bereits aus dem Weg geräumt auf dem Weg zum Kunstfleisch.

Denn wenn wir vom Hendl sowieso nur die Haxen essen wollen oder das Filet, warum züchten wir überhaupt das ganze Tier? Nur weil es ein Schöpfer angeblich einmal so konstruiert hat? Wir sind den Schöpfer im Laufe der Menschheitsgeschichte bereits weitgehend losgeworden, weil man mit ihm die meisten Vorgänge im Universum nur sehr, sehr kompliziert erklären könnte, obwohl es längst auch deutlich einfacher geht – warum sollten wir dann an seinen Fehlkonstruktionen festhalten? Wäre es nicht viel sinnvoller, wenn wir nur den Teil eines Tieres wachsen lassen könnten, an dem wir eigentlich interessiert sind? Viele Menschen mögen keine Innereien, trotzdem haben Rinder nach wie vor jede Menge davon. Und stellen damit Treibhausgase her. Überlegen die sich überhaupt nicht, für welchen Markt sie produzieren? So gewinnen sie nie einen Ökonomie-Nobelpreis.

Nur die Fleischteile wachsen zu lassen, die man auch verzehren möchte, klingt utopisch, ist aber Realität – in Form von Zellkulturfleisch. Das klingt ein bisschen wie Analogkäse, es handelt sich dabei aber um Fleisch, das man nicht von einem Tier herunterfiletieren muss, sondern das wirklich in der Zellkultur wächst. Eine Studie der Universität Oxford hat untersucht, welche Vorteile Zellkulturfleisch gegenüber herkömmlich in Europa hergestelltem Fleisch hätte. Dabei hat sich gezeigt, dass Zellkulturfleisch bis zu 45 % weniger Energie benötigen würde, bis zu 99 % weniger Land und bis zu 96 % weniger Wasser – bei einer Reduktion der Treibhausgasemission von 96 %.

Heißt das, die Bauernhöfe der Zukunft würden dann auch anders aussehen? Labormantel statt Gummistiefel, und statt der Mistgabel gibt es dann Petrischale und Pipette? Genau genommen schauen die meisten Bauernhöfe heute schon längst nicht mehr so aus wie in den Bilderbüchern Ihrer Kindheit oder in der Bio-Werbung im Fernseher. So wie es keine sprechenden Schweine gibt, so könnte man mit so kleinen, altmodischen, idyllisch gelegenen Bauernhöfen nie die Mengen an Fleisch erzeugen, die heute weltweit verkauft werden. Der große Vorteil am Zellkulturfleisch wäre, dass nur beim allerersten Schritt ein Tier zwingend erforderlich ist, und zwar bei der Entnahme einer Muskelstammzelle. Die hat übrigens auch noch einen spacigeren Namen, nämlich Satellitenzelle, wegen ihrer isolierten Lage rund um die Muskelfasern. Das ist ein kleiner Eingriff, den etwa eine Kuh völlig mühelos und ohne nennenswerte Reha überlebt. Lenkt man dabei die Kuh wie ein Kind beim Impfen mit einer Glocke ab und danach bekommt sie was aus der Naschlade? Nein, nicht nur, weil Kühe deutlich zu ungeschickt wären, um ein Zuckerl aus dem Papier zu wickeln, sondern weil es statt der Impfung eine Gewebeentnahme im Rahmen einer

Biopsie gibt. Eine Muskelstammzelle hat ein hohes Teilungs-potenzial, kann sich immer wieder und wieder teilen, und dadurch kann man nach einer einzigen Muskelstammzel-lenentnahme theoretisch tonnenweise Fleisch produzieren. Das klingt spektakulär. Was passiert dabei?

Dieser Stammzelle muss man es nach ihren Maßstäben gemütlich machen. Ihre Maßstäbe sind andere als unsere, Zellteilung gelingt ihr am besten in einem Bioreaktor. Bio ist in dem Fall aber nicht das Gegenteil von konventionell. Und Bioreaktor heißt nur, dass darin noch etwas lebt und wächst. Sie können es gerne in einen Atomreaktor geben und schau-en was passiert, aber da wird es dann wieder schwieriger, Abnehmer zu finden. Und wenn Sie es zu Katzenfutter ver-arbeiten, dann können Sie vielleicht nicht schlafen in der Nacht, weil die Katze so leuchtet. Ein Bioreaktor, das ist vor allem ein Gefäß mit einer Nährlösung, in dem alle Wachs-tumsbedingungen strikt kontrolliert sind. Das alleine reicht eigentlich nicht, denn, ähnlich wie es bei uns der Fall ist, brauchen auch Zellkulturmuskelzellen Trainingseinheiten, damit sie sich wirklich angemessen entwickeln. Aber nicht nur spazieren gehen oder ein wenig Dehnungsübungen, son-dern Krafttraining.

Für Zellkulturfleisch im Bioreaktor gibt es quasi am Vor-mittag Aquafitness und am Nachmittag Bauch, Beine, Po. Und dazwischen Klimmzüge, bis irgendwann ein fettes Steak am Teller liegt? Eher nein, und damit ist man auch erst am Beginn der noch aus dem Weg zu räumenden Schwierig-keiten auf dem Weg zur Kunstfleischrevolution. Man kann leider nicht direkt ein Steak heranzüchten.

Das Problem bei Zellkulturfleisch ist seine Blutversorgung; die fehlt nämlich weitgehend. Das heißt, wenn die Zellschichten zu dick werden, kommt an die inneren Zellen kein Sauerstoff mehr und damit keine Nährstoffe, und dann würden die Zellen innen absterben, während sie außen noch am Leben sind. So würde man nur teures Gammelfleisch herstellen. Deshalb wählt man einen anderen Weg und nimmt viele einzelne Muskelstreifen und schickt sie ins Fitnessstudio. Das bedeutet, man fixiert sie vorne und hinten und zwingt sie durch elektrische Impulse, sich immer wieder anzuspannen. Wenn sie austrainiert sind, werden sie komprimiert, und man hat damit quasi schon ein Faschiertes. Solches Fleisch besteht aus reiner Muskulatur. Ohne Fett. Sozusagen die Urform der Strandfigur. Ein Burger aus diesen Muskelzellen wäre weiß. Anders als das Hackfleisch, das wir als rötlich weiß kennen.

Die rötliche Färbung hat übrigens nichts mit Blut zu tun, das der Metzger im Fleisch vergessen hat. Alle Tiere, die man im Supermarkt kauft, sind wirklich sauber ausgeblutet. Das Rote im Fleisch ist Myoglobin, das ist für den Sauerstofftransport innerhalb des Muskels verantwortlich. Wer also wirklich ein blutiges Steak haben möchte, der muss auf die Weide fahren und direkt in eine Kuh reinbeißen.

Einer der großen Nachteile von Zellkulturfleisch ist, dass es keinerlei Immunsystem besitzt während des Wachsens. Deshalb schützt man es währenddessen vor Überfällen durch Mikroorganismen durch ein Antibiotikum. Das klingt urarg, wird aber bei der herkömmlichen Nutztierhaltung fast genauso gemacht. Aus ähnlichen Gründen und da haben wir uns schon dran gewöhnt. Der zweite Nachteil besteht darin, dass es nicht nur keine Blutversorgung besitzt, sondern auch keinerlei Kollagen, das ein Schnitzel oder Steak zusammenhalten würde. Als man den Haufen weißer Muskelzellen im Jahr 2013 im Rahmen einer aufsehenerregenden Kunstfleischburgerverkostung der Öffentlichkeit präsentierte, musste er wie alle, die im TV auftreten, vorher in die Maske. Damit es so ausschaut, wie man es gewohnt ist, hat man die Substanz mit Rote-Rüben-Saft, Safran, Karamell und Brösel gefärbt und verdickt. Sozusagen Kinderschminken beim Faschierten, damit es als solches überhaupt durchgeht bei der Weltpresse.

Der Preis des ersten Zellkulturfleischburgers lag übrigens bei knapp 300 000 Euro. Happy Meal ist das eher keines. Und wenn man dann noch 10 % Trinkgeld geben muss, kommt das für viele nicht infrage als Werktagsessen. Bis zur Serienreife soll der Preis pro Stück allerdings bei nur etwa neun Euro liegen. Da kann man dann schon einmal nachfassen, ohne Privatkonkurs anmelden zu müssen.

2013 ist mittlerweile schon wieder nicht die unmittelbare Vergangenheit. Warum hat dann ein Laibchen aus Wasser, Erbsenproteinmasse und verschiedenen Pflanzenölen als veganer Burger namens Beyond Meat Karriere gemacht – und nicht eines aus Zellkulturfleisch? Immerhin verspricht auch Beyond Meat eine ähnliche Reduktion von Treibhausgasemissionen im Bereich des Energieaufkommens und des Flächen- und Wasserverbrauchs. Während das eine bereits in Supermärkten und Lokalen auf der ganzen Welt vertrieben wird und auch einigermaßen gut schmeckt, gibt es für Zellkulturfleisch bislang noch keine Zulassung als Lebensmittel, nach der der Aufbau der entsprechenden Infrastruktur erst rentabel werden könnte. Und dann kommen noch

Special Interests dazu, ob Zellkulturfleisch eigentlich koscher ist und ob die Bedingungen im Bioreaktor halal sind. Für einen Welterfolg am Nahrungsmittelmarkt sind solche religiösen Albernheiten auch von Bedeutung.

Kunstfleischburger kann man übrigens nicht nur aus Rindern oder Schweinen herstellen, sondern praktisch aus jedem höheren Tier, das Ihnen einfällt. Ratten, Hasen, Katzen, Hunde, wenn Sie wollen können Sie es im Prinzip auch aus Menschen machen.

Das heißt, auch wenn man heute in der Praxis noch ein Stück davon entfernt ist – in Zukunft könnten Sie das Essen, mit dem Sie Ihre Gäste bewirten möchten, selber züchten. Und wenn Sie servieren, dazu sagen: »Nehmet und esset alle davon, dies ist mein Leib, den ich für euch trainieret habe.« Ob Sie dazu läuten lassen wollen, ist ganz Ihnen überlassen.

Wer auf solche Segnungen verzichten möchte, kann auf andere Veredelungstechniken zurückgreifen, die sogar noch älter sind als das Segnen, aber demselben Prinzip unterliegen, nämlich scheinbar Unwürdiges mit wenig Aufwand hochzujazzen.

FERMENTATION

Dass in unseren eigenen Haushalten bei der Bekämpfung des Klimawandels noch Spielraum nach oben besteht, zeigen Studien zur Menge an Lebensmittelabfällen in Österreich und Deutschland. Der Begriff Lebensmittelabfall bezeichnet nicht Gammelfleisch oder mit Fäkalbakterien verunreinigtes Gemüse, sondern Lebensmittel, die zwar für den Verzehr produziert worden sind, von uns aber nicht verzehrt, sondern entsorgt wurden. In Österreichs Haushalten beträgt die Menge an vermeidbaren Lebensmittelabfällen über 500 000 Tonnen pro Jahr. In Deutschland etwa drei Millionen Tonnen. Insgesamt sind in Österreich und Deutschland private Haushalte für rund 50 % aller Lebensmittelabfälle verantwortlich. Das ist eine Menge.

Mindestens drei Konzepte können Abhilfe schaffen. Erstens: Weniger produzieren und zum Verkauf anbieten – was teilweise schon passiert. In österreichischen Supermärkten bekommt man etwa nicht mehr bis kurz vor Ladenschluss alle Brotsorten ofenfrisch angeboten, sondern nur noch das, was da ist. Und viele Waren, deren Ablaufdatum näher rückt, werden verbilligt ausgepreist. Solche Maßnahmen können aber nur helfen, wenn aufgrund dessen nicht noch mehr gekauft und deshalb später umso eher im Müll entsorgt wird.

Trotzdem landen nach wie vor viele Nahrungsmittel in den Abfallcontainern der Supermärkte. Deshalb hat, zweitens, die Idee des Dumpster-Diven oder Containern Gestalt angenommen: Grundsätzlich noch essbare, manchmal leicht mangelhafte, teilweise aber auch originalverpackte Lebensmittel werden aus den Containern rausgefischt und verkocht. Das ist allerdings nicht immer ganz unproblematisch und wird ein wenig idealisiert, weil Mikroorganismen per Definition sehr klein und mit bloßem Auge unsichtbar sind und sich auch nicht um unsere gesellschaftspolitischen Auseinandersetzungen scheren, wenn sie ihrer Arbeit nachgehen, die uns zum Teil krank macht. Zudem ist Dumpster-Diven auch keine gesellschaftliche Lösung für diese Art von

Verschwendung, sondern eher ein individueller Lifestyle, wenn es gleichzeitig noch Menschen gibt, die sich ihr tägliches Essen tatsächlich nicht leisten können. Die Art der strafrechtlichen Verfolgung und manchmal auch Verurteilung von Menschen, die Abfall einer sinnvolleren Verwendung zuführen als der Vernichtung, mutet allerdings mitunter ziemlich bizarr an.

Eine dritte Methode ist schon jahrtausendealt und trotzdem erst seit Kurzem wieder in Mode gekommen. Weil sie lange Zeit als Arme-Leute-Küche galt und es auch nicht als notwendig angesehen wurde, darauf zurückzugreifen:

Vor Tausenden von Jahren haben sich die Menschen noch keine Gedanken über Vegetarismus, Low-Carb, Paleo-Ernährung und schon gar nicht über Lebensmittelverschwendung gemacht, sondern versucht zu überleben. Also dem Körper mehr Energie zuzuführen, als er durch die täglichen Beschwerlichkeiten verbraucht hat. Wenn das misslang, war Verhungern die Folge. Das war damals wie heute sehr unbeliebt, und die gezielte Handhabung von Feuer zum Garen von Speisen und das Sammeln und Aufbewahren von Getreide haben das Überleben deutlich erleichtert. Glücklicherweise waren die Vorratslager für Getreide selten absolut wasserdicht, als man vor rund 10 000 Jahren damit begonnen hat. Das hätte eine für die Menschheit bahnbrechende Entdeckung zumindest hinausgezögert, nämlich, dass Getreide in Wasser eingeweicht zu keimen beginnt und süßlich schmeckt – ein geschmackssensorischer Meilenstein. Dabei werden spezielle Enzyme aktiviert, sogenannte Amylasen, die die im Getreide enthaltenen Zuckerketten spalten. Das ist gut angekommen bei unseren Vorfahren und sie haben das zerstoßene, eingeweichte Getreide ab sofort auch als Getreidebrei mit Nüssen oder Beeren verzehrt. Nur, falls Sie Müsli für eine Errungenschaft der Gegenwart gehalten haben.

Wenn es mehr Getreidebrei gab als Esser, dann ist er gern ein paar Tage herumgestanden, bis alles weg war. Das haben auch ein paar Mikroorganismen spitzgekriegt, die es sich eigentlich nur auf den Früchten gemütlich machen wollten, und, ohne viel nachzudenken, den nächsten geschmackssensorischen Meilenstein für uns vorbereitet. Der Getreidebrei begann nämlich zu gären, mit bekannt berauschender Wirkung, indem die Zuckerketten im Getreide durch Wildhefen in Alkohol und Kohlendioxid umgewandelt wurden. Quasi die Urform des heutigen Bieres. Aber wirklich nur eine Urform. Nicht vergleichbar mit dem, was wir heute unter Bier verstehen. Es existieren Rezepte von altägyptischem und mesopotamischem Brotbier, das mit Strohhalmen getrunken werden musste, weil es seinen Namen nicht zu Unrecht trug. Und das freundlich formuliert so aussieht, als hätte es schon einmal wer getrunken und danach zur weiteren Verwendung ins selbe Glas reproduziert.

Die Nutzung von Mikroorganismen in der Herstellung und Konservierung von Lebensmitteln war trotzdem nicht mehr aufzuhalten, und in Zeiten, in denen technische Hilfsmittel und Kühlschränke noch Tausende Jahre in der Zukunft lagen, wurde eine neue Technik zu einem lebenswichtigen Werkzeug: die Fermentation.

Wissenschaftlich gesehen ist Fermentation ein biochemischer Stoffwechselvorgang, bei dem eine organische Verbindung sowohl als Elektronenspender als auch als Elektronenempfänger dient, und bei dem Energie in Form von zum Beispiel ATP (Adenosintriphosphat) gebildet wird. Klingt kompliziert, ist es aber nicht. Sie müssen es sich weder merken noch selber ausführen. Ganz einfach ausgedrückt ist die Fermentation einfach nur der Ab- und Umbau von biologischem Material mithilfe von Mikroorganismen oder Enzymen. Falls Sie doch einmal in geselliger Runde darüber reden möchten.

Gärung wird oft als Synonym für Fermentation verwendet. Das ist aber nicht ganz korrekt. Während Gärung nur anaerob stattfindet, also unter Luftabschluss, kann Fermentation beides, mit und ohne Luftanhalten. Mikroorganismen betreiben Fermentation aber nicht, um uns Menschen zu gefallen, sondern aus reinem Egoismus. Um zu überleben. Neben der Energiegewinnung sorgen die Mikroorganismen für eine Ansäuerung des Mediums. Medium ist in dem Fall etwa Kraut oder Kohl oder irgendein anderes Gemüse. Das saure Milieu verhindert das Wachstum vieler anderer Bakterien und ist ein Abwehrmechanismus. Und weil wir das wissen, nutzen wir die kleinen Racker bei der Fermentation einfach aus, ohne zu fragen. Mikroorganismen wollen sich mit Händen und Füßen gegen andere wehren und wir fahren am Trittbrett mit. Würde man Gemüse nur liegen lassen, wäre es ein gefundenes Fressen für alle möglichen Bakterien und Pilze, von denen nicht alle für uns Menschen gesund sind. Legt man das Gemüse aber in Salzlake ein, wie beim Fermentieren, freuen sich die Milchsäurebakterien. Die sind für uns Menschen harmlos. Als Dank wandeln sie die Kohlenhydrate des Gemüses in Milchsäure und andere Stoffwechselprodukte um.

Sauer macht zwar angeblich lustig, diese Meinung teilen aber viele andere Mikroorganismen nicht und wenden sich mit verzogener Miene ab. Dadurch wird das Gemüse länger haltbar, weil der Parteienverkehr durch andere Mikroorganismen stark eingeschränkt ist. Falls Sie selber einmal im Fasching als Fermentation gehen wollen, mit sich selbst als Medium, dann vernachlässigen Sie einfach die Körperpflege zwei, drei Wochen radikal und steigen dann in einen Straßenbahnwaggon. Sie werden sehen, dass Ihnen viele Menschen sehr gerne nicht zu nahe werden kommen wollen.

Das Ganze ist also nicht besonders aufwendig. Und damit Sie sich gleich selbst davon überzeugen können, hier gleich ein Rezept zum Selbermachen:

REZEPT FÜR EINGELEGTES LIPTAUER GEMÜSE

(reicht für zwei Fermentationsgläser à 250 ml)

ZUTATEN:

0,5 Liter Wasser

25 g Meersalz

1 rote Zwiebel

2 Spitzpaprika rot

1 Salatgurke

1 TL Kümmel (ganz)

20 Stück Senfkörner

2 Zweige Dill

ZUBEREITUNG:

– Salz im Wasser auflösen.

– Paprika und Gurke entkernen, Zwiebel schälen.

- Zwiebel, Gurke und Paprika in Würfel schneiden.
- Kümmel und Senfkörner zugeben.
- Gut vermischen.
- Fermentationsgläser in kochendes Wasser tauchen.
- Gläser ausleeren und abkühlen lassen.
- Je einen Zweig Dill auf den Boden des Glases legen.
- Erst mit Gemüse, dann mit Salzlake befüllen.
- 21 Tage bei Raumtemperatur fermentieren lassen.
- Voilà, essfertig! Dieses Gemüse wird als Basis für die Zubereitung von Liptauer verwendet.

Einige Wissenschaftlerinnen und Wissenschaftler gehen davon aus, dass wir Menschen Fermentation schon vor der Entdeckung des Feuers zum Haltbarmachen von Lebensmitteln eingesetzt haben. Natürlich ohne zu wissen, was dabei vorging. Ein bisschen wie Anästhesie heute. Was genau Narkosegase im Gehirn machen, weiß man nach wie vor nicht, aber Einsatz und Handhabung beherrschen wir trotzdem hervorragend und werden immer besser dabei.

Ohne Kühlschrank in den sogenannten finsteren Zeiten des Mittelalters war Fermentation extrem praktisch und auch notwendig, um Speisen haltbar zu machen. Aber heute im 21. Jahrhundert mit ausgefeilten Kühl- und Konservierungstechniken und mit dank des Klimawandels oft milden Wintern bräuchten wir das eigentlich nicht mehr dringend. Warum erleben trotzdem alte Konservierungstechniken einen Boom, allen voran die Fermentation?

Das hat mehrere Ursachen, etwa psychologischer Natur. Menschen greifen in Krisenzeiten gern auf Althergebrachtes zurück. Oft aus Gründen, die nicht viel wohlüberlegter sind als die Idee, eine herbeifantasierte Balance mit der Natur wiederherzustellen – was allerdings meist viel eleganter und moderner bemäntelt wird. Als ob das Leben früher jemals auch nur ansatzweise besser gewesen wäre. Die gute alte Zeit ist wissenschaftlich nämlich so definiert, dass früher fast alles schlechter war. Altes Wissen heißt deshalb so, weil es neues gibt, das in der Regel auch besser ist.

Es gibt aber auch geschmackssensorische Gründe, um Verfahren wie die Fermentation anzuwenden. Das heißt, es kann gut schmecken. Einfach ist es auch. Und gesund. Weil das Obst und Gemüse durch die Verwendung von Mikroorganismen vorverdaut wird, werden wichtige Nährstoffe leichter verfügbar, und der Verzehr von bestimmten eingesetzten Bakterien kann selbst positive Wirkung auf unsere Verdauung haben. Die Fermentation von Lebensmitteln verändert aber auch die Aromenvielfalt, und fermentiertes Gemüse, wie etwa Sojasoße, kann auch zum Würzen verwendet werden. Insgesamt eine sehr umweltfreundliche Methode, die mit wenig Energieaufwand durchgeführt werden kann.

Aber der Hauptgrund für die Renaissance dieser Kulturtechniken besteht darin, dass seit ein paar Jahrzehnten die Wissenschaft Eingang in die Alltagsküche gefunden hat. Dass man also nicht nur irgendwie das machen muss, was die Vorfahren auch schon irgendwie und immer schon so gemacht haben, sondern dass man leicht nachlesen kann, was man da tut und warum es gut oder nicht so gut ist.

Anfang der 2000er-Jahre ging die von den Wissenschaftlern Nicholas Kurti und Hervé This geprägte molekulare

Küche von Spanien aus um die Welt. Sie war der Versuch, wissenschaftliche Abläufe beim Kochen genauer zu hinterfragen und neue geschmackssensorische Kreationen zu entwerfen. Bei allem Erfolg war die sehr technische Orientierung manchmal jedoch nicht unbedingt praxisnah. Nur wenige Menschen haben etwa flüssigen Stickstoff in der Speisekammer vorrätig. In Skandinavien basiert die New Nordic Cuisine auf Produkten, die die skandinavische Natur zu bieten hat, und propagiert vor allem den Einsatz von regionalen und saisonalen Lebensmitteln. Das Motto lautet: zurück zu den Wurzeln. Im wahrsten Sinne des Wortes, denn oft wird nicht nach bestehenden Rezepten gekocht, sondern nach dem, was die Natur an diesem Tag im Wald, im Garten oder am Strand gerade hergibt. Wenn man Zugang zu Wald, Garten oder Strand hat. Das ist nämlich leider einer der großen Nachteile der Wiederentdeckung alter Kulturtechniken: dass man als Teilnehmerin oder Teilnehmer aktueller Arbeitsteilungen, etwa als Schichtarbeiter mit kleiner Einliegerwohnung im Hochhaus, vielleicht weniger Muße hat als als Innenstadtbewohnerinnen oder -bewohner mit Tagesfreizeit.

So mag das Fermentieren heute in unseren Breiten eher noch ein Hobby für gehobene Ansprüche sein. Lebensmittel verwendbar zu machen, die noch nicht ganz hinüber sind, auf die man aber keine Lust mehr hat und die man deshalb noch ein, zwei Tage erfolgreich im Kühlschrank lagern möchte, bevor man sie mit weniger schlechtem Gewissen wegwerfen kann. Aber es stellt auch einen winzigen Beitrag zu einer Veränderung dar, oder zumindest einen ersten Schritt. Mehr nicht, aber auch nicht weniger.

Man muss allerdings immer vorsichtig sein, denn zurück in die Zukunft klingt zwar verlockend, aber Verzicht bedeutet nicht Fortschritt. Regionale Produkte regional zu verwenden, mag bis zu einem gewissen Maß sinnvoll sein, was Transportwege und Zusammenhalt von kleinen Gemeinschaften betrifft. Aber als Kollateralschaden muss dabei oft überzogene Heimatliebe in Kauf genommen werden. Wie gefährlich die sein kann, lässt sich bei den NGOs nachfragen, die sich mit Geflüchteten beschäftigen, oder im Jahresbericht der Grenzschutzagentur Frontex nachlesen. Außerdem ist etwa das Lob alter Sorten, die noch in raueren Zeiten aufgewachsen sind und deren Schule quasi die Straße war, weshalb sie viel widerstandsfähiger seien als die wohlstandsverwahrlosten, modernen Hochleistungssorten, schlicht Unsinn. Untersuchungen haben das Gegenteil gezeigt. Zumindest was Getreide betrifft. Und da ist noch nicht miteingerechnet, was mit dem konzertanten Einsatz von Gentechnik alles möglich wäre. Man kann es nicht oft genug betonen: Wir haben mittlerweile gar nicht mehr die Möglichkeit einer Rückkehr in eine Idylle, die es ohnedies nie gegeben hat. Sondern müssen alles, was wir bislang entdeckt und erkannt und erfunden haben, verwenden, inklusive Solidarität und Einschränkung, um die Klimakrise zu bewältigen. Neue Technologien allein werden uns nicht retten. Wir müssen uns auch zurücknehmen.

Aber auch andersherum wird leider ein Schuh draus. Ohne eine bessere, nachhaltige Technologie wird uns Einschränkung gar nichts bringen. Außer Einschränkung. Wer das will, kann sich gern Schweigezeit in einem Kloster kaufen. Wir werden weiterhin, wie in den letzten 150 Jahren, jede Menge neue Dinge herausfinden und entwickeln und bauen müssen, von denen wir uns heute noch gar nicht vorstellen können, wie man sie überhaupt sinnvoll bewerkstelligen oder wirtschaftlich betreiben könnte. Aber etwas Unwirtschaftlicheres als eine Klimakatastrophe kann man sich schwer ausdenken. Und die haben wir schließlich auch hinbekommen mit genügend Ausdauer, warum also nicht dieselbe Methode verwenden, um gegenzusteuern? Wir müssen dazu nicht einmal nach den Sternen greifen. Ein bisschen weniger weit würde auch schon reichen.

TRANSFORMERS

Inzwischen sollte uns allen klar sein: Die Klimakrise haben wir selbst angezettelt, und wir müssen sie auch selbst wieder beenden. Einen anderen Planeten, auf den wir auswandern können, gibt es nicht, und wenn, dann wäre er viel zu weit entfernt. Aber Hilfe könnte trotzdem im Weltall zu finden sein. Und zwar bei den Himmelskörpern, die Florian Freistetter, Hofastronom der Science Busters, für die besten des Universums hält, den Asteroiden.

So weit die Meldungen und jetzt das Wetter. Die Prognose für die nächsten fünf bis sechs Milliarden Jahre lautet: Im Weltall scheint immer die Sonne.

Das klingt banaler, als es in dem Zusammenhang ist, denn permanentes Kaiserwetter heißt auch, dass sich in nur 150 Millionen Kilometer Entfernung eine Energiequelle befindet, die mehr Energie erzeugt, als wir je verbrauchen werden können. Wir müssen das Sonnenlicht nur vernünftig einsammeln. Nicht nur so wie jetzt auf der Erdoberfläche, was viele Nachteile in sich birgt.

Leider konzentriert sich die Sonne überhaupt nicht beim Scheinen und schickt ihre Energie wahllos in alle Himmelsrichtungen. Sie beleuchtet den leeren Weltraum genauso wie Planeten, auf denen gar keine Menschen leben und wo man mit der Energie gar nichts anfangen kann. Nur ein Teil trifft die Erde, und es wäre schon gut, wenn wir zumindest den komplett nutzen könnten. Können wir aber nicht, weil ungefähr die Hälfte davon auf dem Weg durch die Atmosphäre der Erde verloren geht, die das Licht reflektiert oder absorbiert. Und von dem, was unten ankommt, haben wir auch nicht immer was. Oft ist es bewölkt. Ganz oft ist es auch Nacht. Und wenn es nicht Nacht und nicht bewölkt ist, dann muss das Sonnenlicht immer noch auf entsprechende Anlagen fallen, die daraus Strom produzieren können. Von denen gibt es zwar einige, aber leider längst nicht genug, um den weltweiten Strombedarf zu stillen.

Daran, dass es immer wieder Nacht wird, lässt sich nicht viel ändern. Wir können zwar das Licht einschalten, aus astronomischer Sicht produzieren wir damit jedoch vor allem Lichtverschmutzung. Aber keine zusätzliche Energie.

Wir können auch die Atmosphäre der Erde nicht verschwinden lassen, um mehr Sonnenenergie durchzulassen. Und selbst wenn wir dazu in der Lage wären, sollten wir es nicht tun. Wir könnten mehr Solaranlagen in die Landschaft stellen, was wir auch machen sollten und werden, aber darüber freuen sich nicht alle Menschen gleichermaßen, es braucht Landschaft und nicht selten entstehen Bürgerinitiativen, die sich über Solaranlagen grundsätzlich zwar freuen würden, aber oft umso mehr, wenn sie woanders gebaut würden. Wie unwillkommen technische Neuerungen sein können, haben die bizarren Vorkommnisse rund um die Etablierung des 5G-Funknetzes gezeigt ...

Der ideale Ort für den Bau großer Solarkraftwerke wäre aber ohnedies nicht die Erde, sondern der Weltraum. Da gibt es kein schlechtes Wetter. Und dort scheint immer die Sonne. Bürgerinitiativen gibt es auch keine. Wir könnten jede Menge große Solarkraftwerke in eine Umlaufbahn um die Erde schicken, die dort Sonnenlicht einsammeln und den Strom zur Erde schicken. Nicht über Kabel natürlich, so viele Verteilerstecker kann man gar nicht zusammenstöpseln. Aber man kann die Sonnenenergie im All beispielsweise in Mikrowellen umwandeln und zur Erde schicken, wo sie von geeigneten Empfangsstationen wieder in Strom umgewandelt werden.

Mikrowellen aus dem All klingt wie ein japanisches B-Movie aus den 1950er-Jahren, wo Außerirdische Godzilla mit einer Wachstumsstrahlenkanone gigantomanisch vergrößern, um die Erde von uns Menschen zu befreien, bevor sie sie in Besitz nehmen. Falls Sie Zweifel haben, ob wir Menschen Solarkraftwerke im Weltall überhaupt bauen könnten, kann ich sie zerstreuen. In der Theorie wüssten wir das bereits. Die Praxis hat sich allerdings für später angesagt. Abgesehen davon, dass viele Komponenten dieser Technologien noch nicht ausreichend getestet und entwickelt sind, auch weil es noch keinen Markt dafür gibt, bleibt ein großes Problem bestehen: Es ist auch im Jahr 2020 und mit wiederverwendbaren Raketenteilen sehr teuer, Material von der

Erde ins All zu befördern. Allein um die Solarzellen für ein Solarkraftwerk ins All zu schicken, das etwa mit einem typischen Kernkraftwerk mit einem Gigawatt Leistung mithalten kann, müsste man ein paar 10 000 Tonnen an Material ins All transportieren. Auch wenn Weltraumtourismus als Zukunftsbranche gehypt wird, Routineflüge ins All, um dort von der Erde aus eine Baustelle zu bewirtschaften oder auch nur das Baumaterial anzuliefern, sind praktisch unbezahlbar. Und sehr gefährlich.

Aber es gibt eine Alternative. Asteroiden. Das klingt nicht sofort plausibel, denn Asteroiden haben einen schlechten Ruf als diejenigen, die auf der Erde regelmäßig durch ihre Aufwartungen für Verheerung und Massensterben sorgen. Das machen sie allerdings eher selten und in der Regel vor allem, wenn Hollywood seine Kameras auf sie gerichtet hat. Sonst sind sie eher friedlich und fliegen, ohne auffällig zu werden, im All herum.

Und zwar schon viel länger, als es die Erde gibt. Vor 4,5 Milliarden Jahren, noch vor den Planeten, gab es schon Asteroiden. Aus ihnen ist die Erde genau genommen erst entstanden. Weshalb alle Rohstoffe, die wir auf der Erde finden und nutzen, auch in Asteroiden zu finden sind. Zumindest in manchen.

Es gibt Metalle, es gibt Gestein, es gibt seltene Erden – alle Rohstoffe für den Bau von beliebigem Gerät sind dort zu finden, direkt im Weltall. Man muss sich natürlich schon ein wenig anstrengen, wenn man an die Bodenschätze herankommen möchte. Asteroiden sind keine fliegenden Baumärkte, in denen die unterschiedlichen Rohstoffe säuberlich in Regalen sortiert sind. Man muss – vereinfacht gesagt – einen Asteroiden einfangen, ihn pulverisieren und das ganze Zeug dann in die einzelnen chemischen Elemente auseinandersortieren. Was sehr aufwendig, aber durchaus machbar wäre. Entsprechende Pläne für so einen Asteroidenbergbau liegen in diversen Schubladen von Raumfahrtorganisationen. Wo sie vermutlich auch noch länger liegen bleiben werden. Denn selbstverständlich kriegt man den Asteroidenbergbau nicht umsonst.

Irgendwas muss man ins All schicken, in dem Fall Satelliten und Maschinen, die die Rohstoffe aus den Asteroiden gewinnen und Solarkraftwerke bauen. Das klingt wie Science-Fiction und steht heute selten in einem Parteiprogramm. Politikerinnen und Politiker, die gewählt werden wollen, lassen andere Themen plakatieren. Etwa dass sie stolz drauf seien, am Boden geblieben zu sein. Oder wie kriminell die Ausländer seien. Oder dass die Sonne gratis scheine. Letzteres stimmt immerhin, aber nur solange wir nicht ihr volles Potenzial zur Energiegewinnung ausschöpfen wollen.

Dazu müsste man, wie gesagt, sehr viel Geld und Arbeitskraft investieren. Und vor allem: damit anfangen. Wenn Fermentieren das eine Ende markiert, nahe am Nullpunkt der Skala an Maßnahmen, die für uns Menschen im Kampf gegen den Klimawandel möglich sind, dann steht der Asteroidenbergbau sicherlich eher am anderen Ende. Aber technisch wäre er möglich, und mit dem entsprechenden politischen Willen sind grundlegende Veränderungen in erstaunlich kurzer Zeit machbar. Wie der erfolgreiche Kampf gegen das Ozonloch vor ein paar Jahrzehnten gezeigt hat.

OZONLOB

Dass Martin Moder, dessen Follower-Votum auf Instagram wir die Überschrift von Teil 2 des Buches verdanken, heute dort als Molekularbiologe postet, war nicht immer abzusehen. In seiner Jugend Anfang des Jahrtausends war er eine Zeit lang Frontman einer gesellschaftskritischen Hardrock-Band mit dem Namen Onass. Hinter dem geheimnisvollen Namen steht aber nicht ein Dialektausdruck für *honest*, also Englisch für »ehrlich«. Weil die Gründer der Band sich lange auf keinen Namen einigen konnten, beschlich sie das Gefühl, ohne Namensfindung wäre sie bald am Arsch, was sie kurzerhand ins Englische übersetzten und der Suche damit ein Ende bereiteten. Sie sehen, nicht immer gewinnen Geheimnisse, indem man sie lüftet.

Worum ging es in den Liedern der Death-Metal-Berserker? Saufen, Blutspucken, Satansverehrung? Weit gefehlt. Auf der Agenda standen gesellschaftspolitisch relevante Themen wie »Schularbeit«, »Döner« oder »Das Ozonloch«. Gleichnamiger Song gilt als größter Hit der Band. Es wird dabei die Bedrohung der Menschheit durch das Ozonloch thematisiert, das Grauen einer ökologischen Katastrophe musikalisch auf den Punkt gebracht. Heute ist die Bedrohung unter Kontrolle, die Bandmitglieder schwören aber Stein und Bein, dass ihr Lied maßgeblich zum Schrumpfen des Ozonlochs beigetragen habe. Am Ende des Kapitels steht ein QR-Code, der zum Videoclip führt, und wenn man dem Lied heute wiederbegegnet, klingt es nicht unplausibel, dass die musikalische Intervention von Onass beim Schließen des Ozonlochs geholfen hat, zieht es einem als Mensch, wenn man so etwas hört, auf gut Wienerisch auch ein wenig das Ringerl zusammen.

Aber worin bestand die Bedrohung durch das Ozonloch, von dem heute kaum noch jemand spricht, obwohl es in Bezug auf den Klimawandel ganz neue und unerwartete Bedeutung bekommen hat?

Ozon ist nichts anderes als O_3, also drei miteinander verbundene Sauerstoffatome. Ein auf den ersten Blick eher unspektakuläres Molekül, das bei genauerer Betrachtung jedoch eine wichtige Rolle in unserer Atmosphäre spielt. Ozon bildet eine Art Schutzschicht um unseren Planeten, die den gefährlichsten Teil der Sonnenstrahlung von der Erde fernhält, nämlich die UVB- und UVC-Strahlung. Zu viel von dieser Strahlung und wir entwickeln Hautkrebs. Das möchte niemand.

Trotzdem haben wir irgendwann begonnen diese Schicht zu zerstören. Eher unabsichtlich haben wir ein Loch reingemacht. Hauptursache dafür waren FCKW. Ausgeschrieben steht das für Fluorchlorkohlenwasserstoffe. Aus heutiger Sicht sieht FCKW aber eher aus, als würde man versuchen, vom Bürocomputer aus ein Mail, in dem FUCK steht, am Spamfilter vorbeizuschummeln. In der Natur kommen FCKW so nicht vor. Die haben wir Menschen erfunden, und wir waren lange Zeit begeistert davon, weil sie sich für viele Anwendungen hervorragend einsetzen ließen. Etwa als Kältemittel in Kühlschränken oder als Treibmittel in Spraydosen für Haarspray. Als Teil des Fortschritts, der mitgeholfen hat, unser modernes Leben zu entwickeln. Leider können Fluorchlorkohlenwasserstoffe aber noch mehr als gewünscht, nämlich die Ozonschicht abbauen. Das ist nicht im

Beipackzettel gestanden, der dummerweise zum Teil erst geschrieben wird, während man eine Substanz näher kennenlernt, die man selber erfunden hat. Man testet zwar natürlich, bevor man sich auf eine langjährige Erfahrung einlässt, aber alles lässt sich nicht im Labor prüfen. Oder vorher wissen. Ähnlich wie bei einer Liebesbeziehung. Wer weiß schon nach der ersten Nacht, was passieren wird, wenn die Kinder groß sind und aus dem Haus?

Dass man Fluorchlorkohlenwasserstoffe schnellstens entfreunden sollte, hat man erst in den 1970er-Jahren bemerkt, da waren FCKW schon jahrzehntelang im großen Stil in Verwendung. Die Folge war ein Loch in der Ozonschicht. Der Schock saß tief und hatte auch popkulturelle Folgen. Im Jahr 1986 veröffentlichte die Rockband Europe das Lied »The Final Countdown«. Ein Protestsong mit einem Plattencover, das ohne Zweifel darstellt, wie Haarspray die Ozonschicht schädigt. Wer es gesehen hat, vergisst es jedenfalls nicht mehr. Googeln Sie es, wenn Sie das Bild nicht kennen, man findet es leicht im Internet und wird nicht anders können, als beizupflichten. Und schon im darauffolgenden Jahr wurde ein weltweites Abkommen zum Schutz der Ozonschicht verabschiedet und die Verwendung von FCKW erst eingeschränkt und schließlich verboten. Manche Menschen sehen sogar einen Zusammenhang und behaupten, der Kampf gegen das Ozonloch sei nur ein Vorwand gewesen, um Frisuren wie die der Musiker von Europe für illegal zu erklären. Da ist die Faktenlage aber noch dünner als die Ozonschicht selbst. Der Kampf gegen das Ozonloch hat sich jedenfalls gelohnt, und wenn die aktuelle Entwicklung sich fortsetzt, wird es sich im Jahre 2050 wieder weitgehend geschlossen haben.

Das wäre an sich schon grandios, ist aber noch nicht alles. Denn es gab Friendly Fire! Der Kampf gegen das Ozonloch hat sich auch als eine der effektivsten Klimaschutzmaßnahmen erwiesen, die wir Menschen je ergriffen haben. FCKW sind nämlich nicht nur Treibgase, die Haarspray aus der Dose treiben, sondern auch Treibhausgase. Und zwar um einiges ärger in der Wirkung als CO_2. Also eines dieser unangenehmen Gase mit hohem CO_2-Äquivalent. Eine Forschungsarbeit konnte im Herbst 2019 sogar zeigen, dass ohne die Maßnahmen gegen das Ozonloch die Klimaerwärmung bis 2050 um rund 25 % intensiver ausfallen würde. Wären wir nicht so entschlossen gegen das Ozonloch vorgegangen, wären die Durchschnittstemperaturen in Europa und Nordamerika schon heute um bis zu 1 °C höher, als sie es bereits sind. Das heißt, lange bevor der Klimawandel Thema in der Öffentlichkeit war, haben wir aus Versehen bereits mehr dagegen unternommen, als wir heute zuwege bringen. Die vermutlich beste Nebenwirkung der letzten Jahrzehnte. Das internationale Abkommen zum Schutz der Ozonschicht hat deutlich mehr gegen den Klimawandel bewirkt als das internationale Abkommen zum Schutz des Klimas.

Sind wir Menschen also doch irgendwie viel besser, als wir glauben? Und schaffen es, die Welt zu retten, ohne dass wir es mitbekommen? Einfach so, weil wir so super sind? Leider eher nein. Denn die Maßnahmen gegen das Ozonloch waren vor allem deshalb so wirkungsvoll, weil sie energisch ergriffen und umgesetzt worden sind, mitsamt umfangreichen Verboten. Da wurden keine Gefangenen gemacht. Das ginge auch heute noch, wie uns eben die Coronakrise vor Augen geführt hat. Dieselben Politiker, die sonst vor lauter

Rücksicht auf ihre Sponsoren über einen Eiertanz aus vermehrter Aufklärung, zusätzlichen Anreizen und Übergangsregelungen nicht hinauskommen, haben beherzt zugepackt. Aber das Ozonloch (ebenso wie Covid-19) hatte einen entscheidenden Vorteil gegenüber dem Klimawandel: Es war quasi sichtbar und als Bezeichnung greifbar.

Der Klimawandel erscheint uns noch immer weit entfernt. Und zwar sowohl zeitlich als auch geografisch. Zeitlich, weil wir glauben, der Klimawandel werde nur kommende Generationen betreffen. Vielleicht. Geografisch, weil wir damit vor allem Eisbären, Dürreperioden und Waldbrände auf entfernten Kontinenten assoziieren. Da fällt es uns leicht, die Verantwortung immer jemand anderem zuzuschieben. Das Ozonloch hat beim Storytelling hingegen eindeutig die Nase vorne. Dass Hautkrebs jeden Menschen ganz persönlich betrifft, muss nicht lange von Expertinnen und Experten erklärt werden. Und schon der Begriff Ozonloch ist die halbe Miete, denn er ruft sofort ein anschauliches Bild im Kopf hervor. Und zwar bei jedem Menschen etwa das gleiche: Ein Loch im Himmel, das es zu stopfen gilt. Das kann man sich viel besser vorstellen als den eher abstrakt wirkenden Klimawandel. Versuchen Sie sich jetzt einmal schnell einen Wandel vorzustellen. Nicht ganz leicht. Und wenn fünf Menschen das probieren, gibt es mindestens fünf unterschiedliche Vorstellungen davon. Aber gerade mit einer konkreten Vorstellung haben wir eher das Gefühl, etwas unternehmen zu können.

Im Action-Horrorklassiker *Predator* gibt es für die attackierten Menschen rund um Arnold Schwarzenegger erstmals Hoffnung, als sie feststellen, dass ihr Gegner, von dem sie sonst nichts wissen, bluten kann. »If it bleeds, we can kill it.« Wenn es ein Loch ist, kann man es stopfen. Wenn es ein Wandel ist, ist es komplexer. Da muss man was erklären, das ist gleich weniger sexy, und schon hören die Ersten nur noch mit einem Ohr zu.

Eigentlich wissen wir über den Klimawandel mittlerweile mehr als genug, um uns ein vernünftiges Bild davon machen zu können. Und zu wissen, dass es genau, Moment, ich schau kurz auf die Uhr, Augenblick noch, aso, ja, genau jetzt an der Zeit ist, etwas daran zu ändern.

Mag sein, dass es eines noch größeren Kraftaktes bedarf als damals beim Ozonloch. Aber darauf, dass wir unsere Probleme weiterhin aus Versehen lösen, sollten wir uns nicht verlassen. Und wenn wir auch beim Klimawandel so viel musikalische Unterstützung bekommen wie damals, wenn große Künstler mit zeitlosen Liedern wie »The Final Countdown« von Europe oder »Das Ozonloch« von Onass nicht lockerlassen und immer und immer wieder darauf hinweisen, dass wir Menschen durchaus in der Lage sind, gewaltige, globale Probleme zu lösen, wenn wir nur wollen, dann können wir es schaffen.

ÖSTERREICH RETTET DIE WELT

Das erwarten die meisten Menschen nicht von Bewohnerinnen und Bewohnern eines politisch und wirtschaftlich unbedeutenden Zwergstaates, dessen Exekutive sich in den letzten Jahren um die Rettung vieler Menschen, etwa wenn sie übers Meer kommen, eher nicht besonders verdient gemacht hat, aber so kann man sich täuschen.

Was können Sie dazu beitragen? Mit dem Fermentieren können Sie sofort loslegen, der Asteroidenbergbau wird noch etwas dauern, da können Sie aber schon einmal beginnen, mit den für Sie zuständigen Parlamentsabgeordneten ins Gespräch zu kommen. Und Sie haben Glück. Denn Österreich hat sich bereits aktiv in die Bewältigung der Klimakrise eingeschaltet. Weniger fliegen, Fleischkonsum reduzieren, politische Parteien wählen, die für Klimaschutz eintreten und eine Energiewende bewerkstelligen können, nachhaltige Produktion unterstützen, das nächste Mal ein Elektroauto anschaffen oder gleich ganz aufs Auto verzichten und dergleichen mehr, davon ist rund um den Klimawandel weltweit und immer wieder und ausführlich genug die Rede.

Aber wie bei Skirennen, wo der Sieg auch erst feststeht, wenn der letzte Österreicher oder die letzte Österreicherin im Ziel abschwingt, kommt die Menschheit ihrer Rettung einen Schritt näher, seit die Science Busters ihre geballte Expertise gebündelt haben. Denn der Claim *Das Klima ändert sich, also müssen sich auch die Menschen ändern* wird unserer Meinung nach viel zu konservativ ausgelegt.

Man müsste ihn deutlich radikaler interpretieren – indem wir Menschen nicht nur unser Verhalten, sondern tatsächlich uns ändern. Wir müssen den Menschen biologisch an den Klimawandel anpassen.

Verglichen mit anderen Maßnahmen wäre das aus ökologischer Sicht eher risikoarm. Bevor wir versuchen, mittels Geo-Engineering den ganzen Planeten zu verändern oder Vulkane in die Luft zu jagen, ändern wir doch lieber uns selbst. Davon würde die Erde kaum etwas mitbekommen. Schließlich ist der Planet sehr groß und wir im Vergleich eher klein. Aus Sicht des Planeten spricht also viel mehr für die Veränderung des Menschen als für die Veränderung ganzer Ökosysteme. Aber könnten wir das überhaupt? Wären wir bereits dazu in der Lage, den Menschen biologisch an den Klimawandel anzupassen?

Wir sind in den letzten zehn Jahren sehr gut darin geworden, menschliche Erbinformation gezielt zu verändern. Das gelingt mittlerweile sehr einfach, präzise und kostengünstig. Zumindest bei einzelnen menschlichen Zellen. Leider bestehen wir Menschen aus sehr vielen davon. Sehr viel bedeutet sehr viel, aus über 30 Billionen. Würde man 30 Billionen Blatt Papier bedrucken, würde der Stapel in etwa acht Mal bis zum Mond reichen. Beidseitig bedruckt wäre ein wenig Papier gespart, es ergäbe aber noch immer eine Höhe, aus der man eher nicht herunterspringen möchte. Nicht einmal als verhaltensauffälliger Österreicher.

Um einen ausgewachsenen Menschen vollständig genetisch zu verändern, müsste man die Erbinformation in all diesen Zellen umschreiben. Doch derzeit gibt es in der Genetik kein Werkzeug, das es erlauben würde, so viele Zellen gleichzeitig zu manipulieren. Für eine Anpassung an den Klimawandel, wurden Sie also leider einen Tick zu früh geboren. Aber keine Sorge, es gibt auch nicht genetische Möglichkeiten, den Körper fit für den Klimawandel zu machen. Aus Verantwortung gegenüber dem Planeten präsentieren wir deshalb einen praxisnahen Aktionsplan zur Klimaoptimierung der Menschheit.

1) LEBENSMITTELALLERGIE GEGEN FLEISCH

Nicht nur die Tiere würden sich darüber freuen, seltener verspeist zu werden, auch für uns Menschen wäre es indirekt und langfristig günstig. Der Anbau von Futtermitteln benötigt viel Anbaufläche, wodurch Wald verloren geht, was dem Klimawandel generell in die Karten spielt. Beim Verdauen dieses Futters setzen Wiederkäuer bekanntlich viel Methan frei. Für das Klima wäre es also besser, den Fleischkonsum ein wenig zu drosseln. Wie bereits gesagt, schmeckt Fleisch vielen Menschen allerdings leider ganz hervorragend, und ihnen die Lust darauf zu nehmen, ist kein einfaches Unterfangen. Man sollte daher besser einen anderen Weg wählen als ein schnödes Verbot und ihnen das Fleisch quasi madig machen, indem man dafür sorgt, dass zwar jeder so viel Fleisch essen kann, wie er möchte, sich danach jedoch mit irrsinnigen Schmerzen plagen muss. Die Biologie hält dazu bereits eine elegante Lösung parat, und zwar in Form der Einsamen Sternzecke.

Die sieht ein bisschen aus wie eine Rosine auf sechs Beinen, der eine Taube auf den Rücken gemacht hat. Vielleicht einer der Gründe, warum sie so einsam ist. Viel interessanter als ihr Look ist allerdings ihr Speichel. Beziehungsweise das, was sich darin befindet, nämlich ein Kohlenhydrat namens

Alpha-Gal. Das wäre für sich genommen zwar nur mäßig spektakulär, aber wenn man von der Zecke gebissen wird, blüht es auf, gelangt in die Blutbahn, woraufhin der Körper die Antikörperproduktion startet. Dabei handelt es sich um Abwehrstoffe, die das Immunsystem mit voller Härte gegen Alpha-Gal vorgehen lassen. Allerdings kommt Alpha-Gal nicht nur in der Spucke der Zecken vor, sondern auch in rotem Fleisch. Ein Biss der Einsamen Sternzecke führt deshalb zu einer Fleischallergie.

Kann man die Finger trotzdem nicht von Bœuf bourguignon, Spaghetti bolognese oder von Lammrücken in Kräuterkruste lassen, so bekommt man als Beilage Juckreiz, Hautausschlag, Atemprobleme, zugeschwollene Augen, Verdauungsstörungen, Kopfschmerzen und noch weitere, ausgesprochen unangenehme Symptome gratis dazu serviert. Für Betroffene kein Vergnügen, für das Klima fabelhaft. In Geflügel findet sich kein Alpha-Gal, da lachen die Hühner also eher nicht, sonst ist es aber im Fleisch sämtlicher Säugetiere enthalten, mit Ausnahme von Menschen und Affen. Eine Zunahme von Schimpansenmetzgern in ausgesuchten Innenstädten ist bei flächendeckendem Erfolg der Zeckentherapie nicht ausgeschlossen, aber auch nicht zwingend erwartbar und könnte die Breitenwirkung wohl nur geringfügig mindern.

Zwei Nachteile muss man allerdings einräumen: Die Allergie nach einem Biss hält nicht ein Leben lang an, sondern nur zwischen einem und fünf Jahren. Und Sternzecken leben vor allem in Zentralamerika und Umgebung. Um einen langfristigen Effekt zu erzielen, müsste man also regelmäßig nach Amerika jetten, sich dort nackt in den Wald setzen und auf eine Auffrischungsimpfung von der Zecke hoffen. Und die dabei anfallenden Bonusmeilen bringen für solche wie uns ausgesprochen klimaunneutrale Langstreckenflüge mit sich. So stellt die Intervention mittels Sternzecken zwar einen vielversprechenden Ansatz dar, der das Klima im Alleingang aber auch nicht retten wird. Deshalb müssen wir

2) MENSCHEN KLEINER MACHEN

Damit ist nicht gemeint, dass man Leute anschreien und sie zur Sau machen soll. Die Rede ist von der Körpergröße. Denn die korreliert mit dem ökologischen Fußabdruck. Wenn man einen durchschnittlichen Mann um 15 Zentimeter kürzt, sinkt sein Grundumsatz um etwa 15 %. Kürzt man die richtigen Zentimeter, fällt der Grundumsatz sogar auf null. Weniger Körpergröße bedeutet weniger Gewebe und somit auch weniger Bedarf an Nährstoffen und Energie. Wären Menschen kleiner, könnte man mehr von ihnen in ein Flugzeug stopfen und weniger Maschinen müssten abheben. Weniger Körpergröße bedeutet auch weniger Material für Kleidung. Die hat nämlich eine überraschend schlechte CO_2-Bilanz und muss regelmäßig gewaschen werden, was ebenfalls Energie und Wasser verbraucht. Außerdem ließen sich durch sowohl kleinere Häuser als auch kleinere Autos die Heiz- und Transportemissionen reduzieren. Eine klimafreundliche Zukunft könnte also so aussehen, dass Menschen leicht bekleidet mit dem Bobbycar durch die Gegend fahren und im Gartenhäuschen wohnen. Um Menschen kleiner zu machen, gibt es mindestens drei Möglichkeiten, eine genetische, eine medikamentöse und eine ganz natürliche Herangehensweise.

Die genetische Verkleinerung des Menschen funktioniert mittels Präimplantationsdiagnostik. Unsere maximale Körpergröße ist in unserer Erbinformation weitestgehend festgeschrieben. Um den Nachwuchs möglichst klein zu halten, könnte man im Zuge einer künstlichen Befruchtung gezielt nur die Embryonen zur Heranreifung in eine Frau implantieren, bei denen man vorab genetisch festgestellt hat, dass sie kleine Menschen werden. Diese Vorgehensweise hätte den Vorteil, dass man sich ab dem Zeitpunkt der Geburt keine Gedanken mehr um die Körpergröße machen müsste. Man kann sich zurücklehnen und dem Sprössling beim Nicht-Aufwachsen zusehen. Dieses Verfahren stellt leider auch das mit Abstand kostspieligste und aufwendigste dar.

Günstiger wäre die medikamentöse Verkleinerung. Eine zentrale Rolle beim menschlichen Körperwachstum nimmt das Wachstumshormon Somatotropin ein. Und es gibt zugelassene Medikamente, die Somatotropin an seiner Funktion hindern. Zur richtigen Zeit in der richtigen Dosis verabreicht, könnten diese Medikamente Menschen schön klein und klimafreundlich halten. Wer sagt denn, dass in einem Überraschungsei immer ein Plastikgimmick sein muss, den später ohnedies nur die Fische essen?

Allerdings nimmt nicht jeder gerne Medikamente, manche bevorzugen natürliche Methoden. So kann es zu einem verfrühten Schließen der Wachstumsfugen an den Knochenenden kommen, wenn man in jungen Jahren Vitamin A stark überdosiert. Wo findet man das am leichtesten? Karotten weisen mit Betacarotin einen der Vorläufer von Vitamin A in größeren Mengen auf.

Das ist aber kein Grund, sich vor Karotten generell zu

fürchten oder sie den Kindern vorzuenthalten, denn Betacarotin wird vom Körper nur bei Bedarf in Vitamin A umgewandelt, eine Überdosierung ist nicht möglich. Wenn jemand am Bauernmarkt also täglich mit zehn Kilogramm Karotten nach Hause marschiert, müssen Sie deshalb keinen Blick auf die Kinder werfen.

Hat man die Menschen erfolgreich geschrumpft, kann man Schritt drei in Angriff nehmen.

3) MENSCHEN DICKER MACHEN

Da rennen Sie vermutlich fast überall offene Türen ein, denn dicker zu werden ist eine der leichtesten Übungen in unseren Breiten. Um ökologisch sinnvoll in die Breite zu gehen, müsste man die Menschen allerdings nicht mit Burger, Pommes und Bier behandeln, sondern auf eine Weise, die keinen erhöhten Kalorienbedarf voraussetzt. Also die Arten von Gewebe auf das absolut Notwendigste zu reduzieren, die im Körper die meiste Energie verbrauchen. Muskulatur und

Gehirn. Der kleine, dicke Sautrottel ist also Klimaheld. Das klingt nach einem hohen Preis für die Menschheit, aber es lohnt sich. Wenn der Klimawandel weiter fortschreitet, werden auch die extremen Wetterbedingungen zunehmen. Bei Wirbelsturm wird man nicht so leicht umgeblasen, ist man klein und dick. Fett hat eine geringere Dichte als Wasser. Bei Überflutungen verleiht zusätzlicher Speck mehr Auftrieb und zögert eventuell das Ertrinken hinaus. Und weil man durch die Reduktion der Gehirnmasse auch nicht mehr der Schlauste ist, freut man sich vielleicht auch noch über die tolle Fahrt auf der Wasserrutsche.

Selbst wenn kleine, dicke Dummköpfe Fleisch verschmähen, müssen sie ihren Kalorienbedarf trotzdem irgendwie decken. Und am klimafreundlichsten erledigen sie das mit Solarenergie.

4) LICHTNAHRUNG

Menschen, die Lichtfasten betreiben, kann man getrost als die Basejumper unter den Fastenden bezeichnen. Sie essen eigentlich gar nichts außer Licht, davon allerdings, so viel sie wollen. Ihr Mobiltelefon ist gleichzeitig ihre Jausenbox. Klingt nach einseitiger Ernährung und ist es auch. »Lichtfaster« glauben, sie könnten sämtliche Energie, die ihr Körper benötigt, einfach wie eine Topfpflanze aus Licht beziehen. Sogar ohne Wasser. Was mit dem Licht bei der Verdauung geschieht, weiß man nicht. Vielleicht kommt es als Welle oral in den Körper hinein und schießt hinten als Teilchen wieder heraus. Über ausverkauftes Klopapier wie im Rahmen der Coronakrise könnten sie nur lachen.

Aber ist Lichtnahrung tatsächlich so blöd, wie es klingt? Ja, ohne Zweifel. Probieren Sie es nicht aus, denn der korrekte Terminus technicus für das, was passiert, wenn man Lichtnahrung wirklich ernst nimmt, heißt verhungern.

Andererseits gilt, dass alles, was den Naturgesetzen nicht widerspricht, prinzipiell machbar wäre, vorausgesetzt, wir erlangen das notwendige Wissen. Und es würde keinem Naturgesetz widersprechen, den Menschen genetisch so umzubauen, dass er Fotosynthese betreiben kann. Dadurch wären wir in der Lage, CO_2 aus der Luft zu fischen und es mithilfe von Wasser und Sonnenenergie in Kohlenhydrate und Sauerstoff umzuwandeln. Bei Pflanzen klappt das hervorragend mithilfe des grünen Farbstoffes Chlorophyll. Den müssten wir in den Zellen der Haut produzieren, zusammen mit allen anderen für die Fotosynthese benötigten Strukturen und Signalwegen. Das wäre eine genetisch-architektonische Herausforderung, würde aber keinem Naturgesetz widersprechen und ließe sich deshalb grundsätzlich machen.

Ein Problem würde jedoch bleiben. Die meisten Pflanzen stehen einfach nur herum. Sie brauchen deshalb wenig Energie. Die Nahrung, die sie in ihren Blättern herstellen, reicht für sie deshalb locker aus. Wir Menschen allerdings laufen in der Gegend rum, denken viel nach und spannen gerne die Muskeln an, etwa wenn wir Bäume umarmen. Das benötigt deutlich mehr Energie. Selbst wenn es uns gelänge, Chlorophyll in die gesamte Körperoberfläche einzulagern, und wir uns den ganzen Tag splitterfasernackt in die pralle Sonne legten, würde die Energie nicht ausreichen, um unseren Körper zu versorgen. Hätten wir allerdings gewaltige Ohren, jeweils von der Größe eines halben Tennisfelds, würde es sich energetisch ausgehen. Und vielleicht war das auch einer der Gründe, weshalb die Grünen in Österreich 2020 letztlich doch eine Koalition mit der ÖVP eingegangen sind, mit dem Kanzler als Leuchtturmprojekt für den Klimaschutz.

FREIBIER FOR FUTURE

Die Menschheit ist gerettet, der Klimawandel Geschichte, wir können zum gemütlichen Teil übergehen. Gern geschehen, das ist schließlich unser Job als Science Busters. Was wollen Sie trinken?

Eine Forschungsgruppe der Kepler-Universität Linz hat einen Weg gefunden, um CO_2 in Alkohol umzuwandeln. Man hat sich allerdings nicht darum bemüht, eine neue Quelle für Trinkalkohol zu erschließen. Da sind wir ja in Österreich ausreichend versorgt. Die b'soffene G'schicht kann sogar als immaterielles Weltkulturerbe gelten, wenn man sich seine charakterlichen Defizite schönreden möchte ohne Einsicht in die eigenen Fehler.

Wie stellt man aber aus CO_2 Alkohol her, und wer kommt auf so eine Idee? Dass es geht, weiß man schon lange, allerdings war es bislang aufwendig und mühsam. An der Uni Linz ist es gelungen, den Prozess entscheidend zu beschleunigen. Und zwar mithilfe von Cobalt-Triphenylphosphine 5,10,15-tris(2,3,5,6-tetrafluoro-4-(MeO-PEG(7))thiophenyl-Corrol. Klingt ein bisschen, wie wenn einen der IT-Beauftragte der Firma mit einem besonders beschissenen neuen

Passwort ärgern will. Ist aber der Name eines neuen Katalysators, den man in Linz entwickelt hat. Jetzt fragen Sie sich vielleicht, was daran so neu sein soll, immerhin kennt man Katalysatoren in Autos schon sehr lange. Aber das Missverständnis liegt ganz bei Ihnen. Denn Katalysatoren in Autos sind nicht *die* Katalysatoren schlechthin, sondern nur eine Art von Katalysator. Bekanntlich bezeichnet Katalysator eine Substanz, die eine chemische Reaktion schneller und leichter ablaufen lässt und selbst dabei nicht verbraucht wird. Und das macht auch Cobalt-Triphenylphosphine 5,10,15-tris (2,3,5,6-tetrafluoro-4-(MeO-PEG(7))thiophenyl-Corrol, wenn es bei der Umwandlung von CO_2 in Alkohol zur Hand geht.

Haben wir Österreicherinnen und Österreicher damit die Klimakrise gelöst? Kann Greta Thunberg endlich wieder in Ruhe in die Schule gehen und braucht sich nicht weiter von Rechtsradikalen und reaktionären Kabarettistinnen und Kabarettisten beschimpfen und verunglimpfen zu lassen?

Natürlich nicht. Momentan gelingt die Umwandlung von CO_2 in Alkohol erst im Labor, und allein wird diese Maßnahme auch nicht reichen, um den Klimawandel in den Griff zu bekommen. Aber wenn das Verfahren später vielleicht in großem Maßstab und weltweit gelingt, könnte es einen wichtigen Beitrag zum Klimaschutz leisten. Noch ist es nicht so weit, aber schon jetzt ein schöner Gedanke, dass auf allen Klimakonferenzen als ein Punkt im Programm stehen könnte: Österreichs Beitrag zum Klimaschutz besteht in einem Reparaturseidl der Uni Linz.

AFTERSHOW

Sollte der Science-Busters-Plan zur Rettung der Menschheit doch nicht fruchten, was eigentlich ausgeschlossen ist, und es auf der Erde immer heißer werden, bleibt am Ende vielleicht doch nur die Möglichkeit des Umzugs auf Planet B. Auch wenn wir jetzt noch nicht wissen, wohin die Reise geht.

Früher oder später wird die Astronomie im All einen Planeten finden, auf dem lebensfreundliche Bedingungen herrschen. Leider wird er sehr weit weg sein und Flugzeiten von Jahrzehnten, eher Jahrhunderten werden sich nicht vermeiden lassen. Unterwegs wird es sehr langweilig und irgendwann sterben wir. Daran lässt sich nichts ändern, Winterschlaf ist keine Option, wie Sie wissen. Unsterblichkeit ist noch schwieriger. Aber wir können das machen, was wir Menschen sowieso gerne tun – uns fortpflanzen. Da ist kaum noch Forschung nötig. Also Fortpflanzung ist in der Regel nur das Icing on the Cake, das Drumherum ist der Publikumsliebling. Brauchen wir lediglich ein Raumschiff, das Platz für ausreichend viele Menschen bietet, die sich ein paar Jahrhunderte lang von einer Generation in die nächste fortpflanzen auf dem Weg durchs All zu Planet B?

Wie stellt man ein derartiges Fluggerät her? Natürlich mit Asteroiden. Im vorliegenden Fall höhlen wir einen hinlänglich großen Asteroiden aus, bauen aus dem dabei gewonnenen Material ein Habitat hinein und einen Antrieb außen dran. Treibstoff könnten Atombomben sein, davon gibt es bekanntlich mehr als genug. Die Technik ist zwar noch weitgehend unerprobt, aber wissenschaftlich möglich wäre es, und sollte es uns gelingen, einen Asteroiden zu einem fliegenden Kreuzfahrtschiff umzubauen, dann stellt der Atombombenantrieb sicherlich kein entscheidendes Hindernis mehr dar. Den gibt es sogar schon seit mehr als einem halben Jahrhundert. Die Idee dazu bereits viel länger.

Im Prinzip geht es bei jedem Raketenantrieb um das Rückstoßprinzip. Vereinfacht gesagt wird etwas in eine Richtung weggeschleudert, damit man sich gut in die andere Richtung bewegen kann. Bei einer klassischen Rakete sind das heiße Gase, die bei der Verbrennung des Treibstoffs enorm schnell ausgestoßen werden. Wodurch sich die Rakete dann ebenso enorm schnell in die andere Richtung bewegt. Das kennt man schon lange und ist sehr genau beschrieben im dritten newtonschen Gesetz: actio est reactio. Kennt man aus der Schule.

Mit Explosionen funktioniert es ebenso. Schon im Jahr 1880 hat der deutsche Erfinder Hermann Ganswindt darüber nachgedacht. Sein Name mag wie aus einer verschollen geglaubten Nestroy-Posse klingen, sein Vorschlag war solide und hat grundsätzlich schon alles beinhaltet, was man auch heute noch dafür bräuchte. Weil es im 19. Jahrhundert noch keine Atombomben gab, musste Ganswindt allerdings noch mit Dynamitexplosionen kalkulieren, um ein Raumschiff im All anzutreiben.

Ab Mitte des 20. Jahrhunderts waren Atombomben dann Konfektionsware und den Untersuchungen der Möglichkeiten eines »nuklearen Pulsantriebs« stand nichts mehr im Weg. Natürlich muss man sich vorher gut überlegen, was man anstellt und wie. Vor allem sollte man nicht irgendwelche Atombomben nehmen, die als Lockangebot im Prospekt stehen. Sie müssen speziell für diesen Zweck gebaut und auch kleiner sein als die, die man konstruiert, um Städte zu zerstören. Möglichst wenig Fallout (also möglichst wenig radioaktive Substanzen, die bei der Explosion frei werden) gilt auch als wünschenswert. Außerdem sollten diese speziellen Bomben als Treibmittel auch Material ausstoßen, das einerseits einen Teil der radioaktiven Strahlung abschirmt und andererseits den Antrieb effizienter macht.

Wenn man alles vorbereitet und eingekauft hat, kann es losgehen. Raumanzug zuknöpfen, Gurte schließen, Schutzbrille aufsetzen, Handy auf Flugmodus und dann Gang einlegen. Also, die erste Bombe hinten aus dem Raumschiff rauswerfen, wo sie nach ein paar Dutzend Metern explodiert. Die dadurch freigesetzte Energie trifft auf eine spezielle Prallplatte am Heck der Rakete, die man natürlich vorsorglich dort montiert hat. Das darf man keinesfalls vergessen, bevor man die erste Atombombe zündet. Durch die Wucht der Explosion bekommt die Rakete so entsprechenden Schub und bewegt sich vorwärts. Beim Material der Prallplatte sollte man auch nicht an der falschen Stelle sparen, denn die muss in der Lage sein, diese Wucht auszuhalten.

Was man auch noch dringend braucht, sind Stoßdämpfer. Denn bei einer Atombombe kann man nicht langsam die Kupplung loslassen und behutsam Gas geben oder die Handbremse zu Hilfe nehmen, um bergauf loszufahren. Die starke Beschleunigung, die nach der Explosion über die Prallplatte auf das Raumschiff übertragen wird, muss man auch deshalb ein wenig dämpfen, damit Nutzlast und Besatzung danach auch noch als solche zu erkennen sind. Denn die Kräfte sind enorm und ohne Vorkehrungen können Astronauten und Astronautinnen ausprobieren, wie es sich anfühlt, breiförmig durchs All zu fliegen.

Mit einer einzigen Bombe kommt man nicht sehr weit. Der Antrieb verbraucht ungefähr eine Bombe pro Sekunde, damit das Raumschiff ordentlich Fahrt aufnimmt. Unter anderem, weil sehr viel Masse bewegt werden muss. Zum einen natürlich die vielen Atombomben, allein 60 pro Minute, das hängt sich an. Und dann das Schiff selbst, das nicht nur den Belastungen standhalten, sondern die Besatzung auch vor der radioaktiven Strahlung im Weltraum schützen muss. Je größer man das Schiff baut, desto größer und massiver muss auch die Prallplatte sein, was aber andererseits auch bedeutet, dass das Schiff dann noch effektiver beschleunigt werden kann. Weil actio eben reactio bedeutet. In dem Fall ist ein massives Schiff ausnahmsweise kein Nachteil.

Nähme man als Baumaterial einen Asteroiden, würden die dicken, äußeren Gesteinsschichten des Asteroiden die Aufgabe übernehmen, die Besatzung vor der kosmischen Strahlung abzuschirmen, und am Ende kämen alle glücklich bei Planet B an. Beziehungsweise die Nachkommen der paar 1000 Menschen, die es auf das Asteroidenschiff geschafft haben. Der Rest der Menschheit muss sich weiterhin mit der Klimakrise auf der Erde rumschlagen und ist selber schuld, dass er immer so abfällig über Kreuzfahrten gesprochen hat.

Das wird natürlich nicht passieren, aber es führt vor Augen, dass das Weltall und die Asteroiden viele Möglichkeiten für die Zukunft bieten. Nicht nur als Science-Fiction.

Seriöse Wissenschaftlerinnen und Wissenschaftler beschäftigen sich mit dem Bau von Solarkraftwerken im All, mit Asteroidenbergbau, mit der künstlichen Manipulation von Asteroidenbahnen, und sogar die Asteroiden-Generationenschiffe werden wissenschaftlich untersucht. All diesen Methoden ist gemeinsam, dass sie theoretisch möglich sind. Aber wir wissen, dass alles viel zu lang dauert, um die Klimakrise rechtzeitig in den Griff zu kriegen.

Stimmt also, was man oft zu hören bekommt? Man solle erst einmal die Erde retten und aufräumen, bevor man sich dem Weltall zuwendet? Die Ausgaben für Raumfahrt und Weltraumforschung seien Geldverschwendung, solange die Probleme hier unten auf der Erde noch nicht gelöst sind? Müssen wir zuerst das Klima retten, bevor wir uns wieder den Asteroiden widmen dürfen?

Natürlich nicht. So funktioniert Wissenschaft nicht. Wir müssen die Asteroiden nicht erforschen, um das Klima zu retten, das stimmt. Aber wir müssen die Asteroiden erforschen, um die Welt besser zu verstehen. Und weil man nie weiß, was man alles entdeckt und wozu es gut ist. Sonst wäre es ja keine Forschung! Es ist keine Lösung, die Menschheit auf den Mars zu übersiedeln. Aber wer sich Gedanken über eine dauerhafte Besiedelung anderer Planeten macht, muss auch darüber nachdenken, wie man in einer feindlichen Umgebung überleben könnte. Wie man mit begrenzten Rohstoffen auskommen kann, ohne allzu viel zu verschwenden. Wie man effizient Energie speichert und produziert. Wie man neue Materialien und Maschinen konstruiert, die weniger Energie benötigen.

Der Klimawandel ist zwar in erster Linie unangenehm,

aber auch eine Folge davon, dass wir Menschen erfolgreich versucht haben, die Welt besser zu verstehen und nicht so schnell zu sterben wie früher. Und genau dieses Verständnis kann uns auch helfen, den Klimawandel zu überstehen. Und das macht den Klimawandel nicht nur zur potenziellen Katastrophe, sondern auch zu einer Chance. Überspitzt formuliert: Wenn wir wissen, wie wir dauerhaft am Mars leben könnten, dann wissen wir auch, wie wir die Erde retten können, ohne zum Mars übersiedeln zu müssen. Und wenn wir herausgefunden haben, wie die Klimakrise zu bewältigen ist, dann haben wir auch einen guten Teil dessen herausgefunden, was wir brauchen, um ins All aufbrechen zu können.

Und bis dahin wissen sie in Linz auch, wie man aus CO_2 Alkohol macht, der richtig gut schmeckt und mit dem wir auf das Ganze anstoßen können.

HANGOVER

WARUM WIR MENSCHEN
SO GERNE GLAUBEN

(Mit Geheimtinte geschrieben, Text wird sichtbar durch Heiß-Drüberbügeln. Falls der Effekt sich nicht einstellt, bitte für Gewährleistung den Hersteller kontaktieren.)

DANK AN

Nicolas & Rosaria Wöhrl

Reinhard Remfort

Mai Thi Nguyen-Kim

Martina & Lydia & Valentin Salner

René Berto

Fanny Reiberger

Ben & Leo Pokropek

Roman Hansi

Judith Köchl

Annika Domainko

Carl Hanser Verlag

Hörverlag

Eva Pech

REGISTER

Die Science Busters sind längst Kult. Seit ihrer Gründung 2007 servieren sie Wissenschaft für alle, gastieren mit ihren Wissenschaftskabarett-Shows in Theatern im gesamten deutschsprachigen Raum und sind in Fernsehen und Radio und als Podcast präsent. Für ihr Kabarettprogramm erhielten sie den Deutschen Kleinstkunstpreis sowie den Salzburger Stier. Ihre Bücher *Gedankenlesen durch Schneckenstreicheln* und *Das Universum ist eine Scheißgegend* wurden als Wissensbücher des Jahres ausgezeichnet.

Erscheint als Hörbuch beim Hörverlag, gelesen von Thomas Loibl und den Science Busters

www.sciencebusters.at
www.facebook.com/sciencebusters
Instagram: science_busters
Youtube: ScienceBustersTV
Twitter: @science_busters

Booking: management@sciencebusters.at
Kontakt: kontakt@sciencebusters.at